食用菌栽培技术丛书

香菇栽培实用技术

胡晓艳　贺国强　主编

中国农业大学出版社

·北　京·

内 容 简 介

本书内容包括香菇的生产概况、香菇的营养价值、香菇的生物学特性、优良品种的选择、香菇菌种生产技术、香菇菌棒制作技术、地栽香菇生产技术、香菇立架式栽培技术、香菇林地栽培技术、花菇栽培技术、香菇病虫害防治、香菇的采收与加工技术等。本书力求结合本地生产实际，总结高产高效栽培技术经验，针对香菇栽培特点，介绍其全部生产工艺和最新栽培技术。

图书在版编目(CIP)数据

香菇栽培实用技术/胡晓艳，贺国强主编．—北京：中国农业大学出版社，2015.4(2021.7 重印)

ISBN 978-7-5655-1207-0

Ⅰ.①香… Ⅱ.①胡…②贺… Ⅲ.①香菇-蔬菜园艺 Ⅳ.①S646.1

中国版本图书馆 CIP 数据核字(2015)第 064538 号

书　　名　香菇栽培实用技术
作　　者　胡晓艳　贺国强　主编

策划编辑　张秀环　孙　勇　　**责任编辑**　韩元凤
封面设计　郑　川　　**责任校对**　王晓凤
出版发行　中国农业大学出版社
社　　址　北京市海淀区圆明园西路 2 号　　**邮政编码**　100193
电　　话　发行部 010-62818525,8625　　读者服务部 010-62732336
　　　　　编辑部 010-62732617,2618　　出　版　部 010-62733440
网　　址　http://www.cau.edu.cn/caup　　**e-mail** cbsszs @ cau.edu.cn
经　　销　新华书店
印　　刷　北京时代华都印刷有限公司
版　　次　2015 年 4 月第 1 版　　2021 年 7 月第 2 次印刷
规　　格　880×1 230　　32 开本　　5.625 印张　　107 千字　　彩插 1
定　　价　25.00 元

主　编　胡晓艳　贺国强

副主编　邓德江　魏金康

参　编　（按姓氏拼音排序）

池美娜　陈青君　高继海　国铁强

郭永杰　孔繁建　刘瑞梅　王贺祥

王秀玲　吴尚军　张东雷　张玉铎

赵海康

序

随着食用菌产业的健康发展和人民生活水平的提高，食用菌产品越来越受到大众的青睐。北京市有 2 000 多万人口，食用菌消费市场很大，需求的数量和品种也很多，北京及周边发展食用菌种植市场前景广阔。

2011 年北京成立了食用菌创新团队，对产业的发展起到了强有力的支撑作用。在这个平台支持下，岗位专家与综合试验站、田间学校工作站密切合作，开展了一系列食用菌高产试验，新品种、新技术试验示范以及新设施设备的引进利用，在对全市的食用菌进行了反复调研的基础上，对先进技术进行了总结、归纳和提炼，针对全市的主要栽培菇种编写了这套实用系列丛书，以供广大菇农学习参考。

北京市食用菌创新团队

2014 年 12 月

前　言

香菇是著名的食药兼用菌，在我国的栽培历史悠久，栽培地域广泛，市场消费量大，经济效益稳定，也是出口创汇的重要农产品之一。据中国食用菌协会对 2013 年度全国食用菌统计调查，2013 年香菇产量达 710.32 万 t，产量比 2012 年增长 11.78%，依然是生产量最大的品种。巨大的消费市场催生了香菇产业的迅速发展，已形成福建古田、浙江庆元、湖北随州、河南西峡、河北遵化等香菇生产主要产区。这些产区依靠独有的物候条件，因地制宜地发展香菇生产，形成了各自的模式，值得广大菇农借鉴。

为了普及推广香菇高产高效栽培技术，编者与北京地区广大从事香菇生产一线工作的技术人员编写了本书。本书力求结合本地生产实际，但不拘泥于本地区，总结近年来最新积累的香菇高产高效栽培技术经验，针对香菇栽培特点，介绍其全部生产工艺和最新栽培技术。撰写内容涵盖香菇的生产概况、营养价值、生物学特性、品种选择、菌种生产、菌棒制作、出菇模式、病虫害防治、产后加工等方面，以期为初学者指明香菇生产之路，为长期从业者提供技术升华的参考。

由于编写时间紧迫，本书难免存在疏漏与不足，敬请业内同仁和广大读者提出宝贵意见，以期修正、进步与完善。

编　者

2014 年 12 月

目　录

第一章　香菇生产概况

香菇(*Lentinus edodes*),又名冬菇、香蕈、北菇、厚菇、薄菇、花菇、椎茸,是一种食用真菌,属于真菌门担子菌纲伞菌目口蘑科香菇属。香菇肉质肥厚细嫩,味道鲜美,香气独特,营养丰富,是一种食药同源的食物,具有很高的营养、药用和保健价值。随着人们生活水平的提高,香菇食品、药品、保健品等制品将日益受到人们的重视和青睐。

一、香菇栽培历史与概况

香菇栽培史源于中国,至今已有 800 年以上的历史。最早于宋朝浙江庆元县龙岩村的农民吴三公发明了砍花栽培法,后扩散全国。经僧人交往传入日本。香菇的砍花栽培源于中国,现行的段木纯菌丝接种栽培则源于日本。新中国成立后我国香菇生产发展很快,尤其是进入 80 年代以后,更是突飞猛进,目前已经成为世界上香菇生产的第一大国,产量居世界首位。从香菇栽培技术上看,在砍花栽培生产模式基础上,随着时间的推移,段木栽培、菌丝体压块栽培、培养料仿段木栽培、半熟料菌砖栽培和培养料陆地栽培等 5 种主要的栽培模式相继产生。在这些栽培模式中,栽培技术不断进步,操作方法愈来愈简便实用，成本不断降低，有力地推进了香菇生产的发展。至 1989 年，中国香菇总产首次超过日本，一跃成为世界香菇生产第一大国。

二、北京市香菇生产概况

近几年，在郊区经济结构调整的推进及农业扶持政策的引导下，北京市的设施农业取得了较快发展。2010 年，北京市委市政府又提出在“十二五”期间启动新一轮“菜篮子工程”，以提高菜、肉、蛋的自给率及应急保障能力。这些都为北京市的农业发展提供了新的契机，提出了更高的要求。食用菌栽培是典型的设施农业生产项目，在当前良好的机遇和新形势下，发展速度很快，已成为农业增效、农民增收的支柱产业。香菇作为北京地区主栽的食用菌种类之一，在蔬菜消费市场中占有较大比重，也是出口创汇的重要农产品。

(一)生产面积、产量及分布

由于香菇生产有设施斜置摆放栽培、覆土栽培、立体层架式栽培及林地栽培等多种模式，因此其生产面积的统计不能像其他农作物一样单纯用亩来表示，生产中通常以棒数来衡量其生产规模的大小。据北京市食用菌协会统计，2010 年为近几年的产量高峰，北京地区香菇生产量超过平菇，跃居第一位，年栽培量达 7 000 多万棒，产量 6.5 万 t，占全市食用菌生产总量的 40.11%，比 2009 年增加了 10 个百分点。从

2011—2013 年，由于种植结构调整等原因，产量基本稳定在 4.5 万 t 左右。京郊产菇区（县）基本都有香菇栽培，其中通州、房山、大兴、平谷、怀柔等为主要香菇产区，近年来已形成通州永乐店、房山乐义、大兴魏善庄、平谷南独乐河、怀柔庙城等几个较大的香菇生产基地。

（二）生产效益及发展特点

从经济效益来看，香菇生产高投入高产出的产业特点比较突出，投入产出比 1∶（1.5～5）。据粗略测算，北京市设施生产香菇每亩（按 15 000 棒计）成本包括制棒、棚膜、遮阳网、草帘、卷帘机等 4.3 万元左右，收入按每棒产菇 0.9～1 kg，5 元/kg 计算，为 6.75 万～7.5 万元，纯收入为 2.45 万～3.2 万元/亩，其经济效益是生产小麦、玉米等农作物的几十倍；从生产形势来看，已呈现多样化、周年化生产趋势。前些年，全市的香菇生产模式较单一，主要生产中低温型品种，产菇期集中在每年 10 月到翌年 4 月。自 2007 年，在北京市几个科研单位及技术推广部门的努力下，引进推广了高温季节香菇林地栽培技术，2009 年又开始示范推广反季节地栽香菇生产模式，使目前的香菇生产基本实现了周年生产、四季有菇；从产业发展循环性来看，北京地区的香菇生产已基本实现高效循环和废弃物的合理利用（利用秸秆、果枝等农业废弃物为原料生产，废气菌棒又作为生物燃料或高档有机肥生产基质）；从销售形势来看，已经由“就地生产、就近供应”，转为面向出口“国际高端市场”和“部分就地销售”的格局。

(三)生产中存在的问题

北京市香菇产业在过去30多年间得到了长足发展，一些主产区的出口香菇在国际市场上也占有了一定的市场份额。但就生产技术及产品质量的总体水平而言，与国内先进地区及国外相比仍存在较大差距，主要表现在以下几个方面：

1. 部分品种种性不清，品种选择不当

随着香菇生产规模的扩大，引进的品种也在逐年增加，已打破了前几年939占主导地位的生产格局，逐步向多品种发展。但目前菇农对一些引进品种的种性、菌龄、温型认识不清，盲目跟风种植，由于每年的气候条件不尽相同，往往造成生产季节不合适，出菇推迟，产量低等问题，还可能影响到下一年的生产安排。

2. 制棒缺乏标准化，菌棒成品率不稳定

制棒成本在香菇生产成本中占较大比重，加之近年劳动力和原材料价格的上涨，1 kg干料的菌棒成本已从前几年的1.6～1.8元/棒涨至目前的2.0～2.3元/棒。因此菌棒成品率的高低直接影响生产的经济效益。由于从业人员的素质参差不齐，生产设备及生产技术缺乏统一规范，导致了菌棒成品率很难保障，尤其是高温期制棒风险更大，经常出现菌棒大面积污染的事故；要使香菇产业稳定持续发展，首先必须解决菌棒工业化生产的难题，否则受市场效益左右的影响，菌棒生产风险大、成本高，菇农将无法接受。

3. 管理较粗放，产量、质量偏低

目前北京市的香菇生产仍以一家一户的分散管理为主，管理过程缺乏标准化，产量和质量偏低。据报道，日本香菇的生物转化率在120%以上，其中花厚菇的产量占70%以上；而我国目前的香菇生物转化率最高仅能达到100%，且花厚菇的产量仅占30%～40%。另据调查，出口到日本、韩国等国家的出菇菌棒，同样的原料和生产方式，出菇产量和质量明显优于本地；而日本、韩国的优良菌种引进到本地，生产出的产品也不如在国外表现好。当然形成这一差距的因素是多方面的，但生产管理是一项主要因素。

4. 本地技术人才短缺

目前，北京地区香菇生产基地的技术人员大多来自福建、浙江、河北等地。由于地域气候环境差异较大，外地技术人员往往不能完全做到根据北京地区的气候特点进行生产管理。此外，这些人员的流动性较大，很难保证其生产技术的稳定持久性，常常是换一个师傅，换一套技术，导致生产一直处在摸索和试验中。针对这一问题，近两年北京市农业技术推广站对当地的一些种菇农户进行了系统培训，使这一问题得到了一定程度的缓解。

第二章　香菇的营养价值

一、营养价值

香菇是我国著名的食用菌，被人们誉为“菇中皇后”，在民间素有“山珍”之称，深受人们的喜爱，是不可多得的理想的保健食品。据分析，每 100 g 香菇干品中含蛋白质 18.6 g，高于平菇、蘑菇、银耳等其他食用菌。它的蛋白质组成不同于一般的粮食组成，其主要成分为白蛋白、谷蛋白和醇溶蛋白，这三种蛋白质的比例为 100∶63∶2。在组成香菇蛋白质的 18 种氨基酸中，有 8 种是人体必需的氨基酸，对儿童的生长发育有利。香菇与其他谷物混食，可充分发挥食物的互补作用，弥补营养素的不足，提高食物的营养价值。

干香菇食用部分占 72%，每 100 g 食用部分中含水 13 g、脂肪 1.8 g、碳水化合物 54 g、粗纤维 7.8 g、灰分 4.9 g、钙 124 mg、磷 415 mg、铁 25.3 mg、维生素 B_1 0.07 mg、维生素 B_2 1.13 mg、尼克酸 18.9 mg。香菇含丰富的维生素 D 原，但维生素 C 较少，也缺乏维生素 A 及维生素 A 原。香菇含有水溶性鲜味物质，其主要成分是 5′-鸟苷酸、5′-AMP、5′-UMP 等核酸构成成分，均含 0.1%左右。

二、药用价值

香菇是具有高蛋白、低脂肪、多糖、多种氨基酸和多种维生素的菌类食物。性寒、味微苦，有利肝益胃的功效。我国古代学者早已发现香菇类食品有提高脑细胞功能的作用。如《神农本草》中就有服饵菌类可以“增智慧”、“益智开心”的记载。现代医学认为，香菇的增智作用在于含有丰富的精氨酸和赖氨酸，常吃，可健体益智。

香菇含有一种相对分子质量为100万的抗肿瘤成分——香菇多糖，含有降低血脂的成分——香菇太生、香菇腺嘌呤和腺嘌呤的衍生物，香菇还含有抗病毒的成分——干扰素的诱发剂及双链核糖核酸，是不可多得的保健食品。香菇中含不饱和脂肪酸甚高，还含有大量的可转变为维生素D的麦角甾醇和菌甾醇，对于增强抗疾病和预防感冒及治疗有良好效果。经常食用对预防人体，特别是婴儿因缺乏维生素D而引起的血磷、血钙代谢障碍导致的佝偻病有益，可预防人体各种黏膜及皮肤炎病。

香菇中所含香菇太生(lentysin)可预防血管硬化，可降低人的血压，从香菇中还分离出降血清胆固醇的成分($C_8H_{11}O_4N_5$，$C_9H_{11}O_3N_5$)。香菇灰分中含有大量钾盐及其他矿质元素，被视为防止酸性食物中毒的理想食品。香菇中的碳水化合物中以半纤维素居多，主要成分是甘露醇、海藻糖和菌糖(mycose)、葡萄糖、戊聚糖、甲基戊聚糖等。

香菇中还含有丰富的食物纤维，经常食用能降低血液中的胆固醇，防止动脉粥样硬化，对防治脑溢血、心脏病、肥胖症和糖尿病都有效。近年来，美国科学家发现香菇中含有一种“β-葡萄糖苷酶”，试验证明，这种物质有明显加强机体抗癌的作用，因此，人们把香菇称为“抗癌新兵”。香菇还能抗感冒病毒，因香菇中含有一种干扰素的诱导剂，能诱导体内干扰素的产生，干扰病毒蛋白质的合成，使其不能繁殖，从而使人体产生免疫作用。总之，香菇的药用价值表现在以下几个方面：

（1）提高机体免疫功能。香菇多糖可提高小鼠腹腔巨噬细胞的吞噬功能，还可促进 T 淋巴细胞的产生，并提高 T 淋巴细胞的杀伤活性。

（2）延缓衰老。香菇的水提取物对过氧化氢有清除作用，对体内的过氧化氢有一定的消除作用。

（3）防癌抗癌。香菇菌盖部分含有双链结构的核糖核酸，进入人体后，会产生具有抗癌作用的干扰素。

（4）降血压、降血脂、降胆固醇。香菇中含有嘌呤、胆碱、酪氨酸、氧化酶以及某些核酸物质，能起到降血压、降胆固醇、降血脂的作用，又可预防动脉硬化、肝硬化等疾病。

（5）香菇还对糖尿病、肺结核、传染性肝炎、神经炎等起治疗作用，又可用于消化不良、便秘等。

第三章　香菇的生物学特性

一、香菇的形态结构

（一）香菇菌丝体的特征

香菇菌丝体由孢子萌发而成，白色，绒毛状，有横隔和分枝，细胞壁薄，2～3 μm。菌丝相互结合呈蛛网状，蔓延于枯木和木屑培养基中，不断繁殖，集合成菌丝体。它是香菇摄取基质中营养料的主要器官，在适宜的温度和湿度条件下，菌丝体末端部分纽结成“盘状”组织的团点，称为原基。在原基形成之前，称为营养生长。它分为 3 个阶段：即初生菌丝、二次菌丝和三次菌丝。初生菌丝是孢子初期萌发出来的，每个细胞中只有 1 个细胞核，故又称单核菌丝。其菌丝较纤细，分枝角度小，生长缓慢，生活力较差。单核菌丝是单性不孕的，不会结子实体。二次菌丝又称次生菌丝、异核菌丝、双核菌丝。由初生菌丝生长到一定阶段，当两个不同性别的单核菌丝互相接触，细胞彼此沟通，原生质融合在一起，形成所谓锁状联合。锁状联合与细胞分裂是同步发生的，分裂后每个细胞中含有两个细胞核，故称双核菌丝，其分枝角度大，粗壮，生活力旺盛，具有结菇能力。三次菌丝当双核菌丝生长发育到一定生理阶段，进入高度分化，形成密集的菌丝体组织，达到生理成熟阶段，转向生殖期，即扭结原基，分化成香菇子实体。

（二）香菇子实体的结构

香菇子实体由菌盖、菌褶、菌柄等组成(图 3-1 和图 3-2)。

图 3-1　香菇子实体

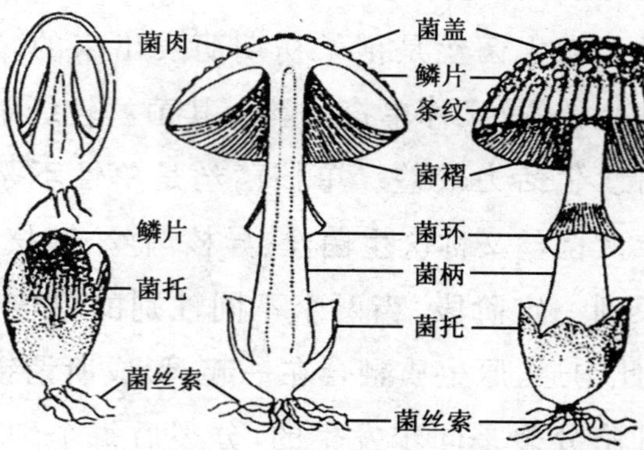

图 3-2　伞菌子实体结构示意图

菌盖又叫菇盖、菇伞，位于香菇顶部，为半肉质，肥厚，直径为 5～18 cm，像一把撑开的小伞。菌盖表面茶褐色或暗褐色，被有深色的鳞毛，随着生长而消失。成熟后的菌盖反卷、开裂。表面颜色随菌龄的大小、受光的强弱及营养的好坏而有差异，常为茶褐色。菌肉白色，质韧。有时菌盖上面受干冷气温影响，龟裂成菊花状的裂纹，露出白色菌肉，形成花菇。香菇干品具有独特的香味。

菌褶又叫菇叶、菇鳃，位于菌盖下面，由菌柄处向四周伸展，呈辐射状排列，白色、稠密而柔软、刀片状结构，宽 3～4 mm。菌褶表面着生子实层，生有许多棒状的担子和隔胞。每个担子顶端有 4 个担子小梗，每个梗上着生 1 枚孢子，即 4 枚不同交配型的孢子。孢子易从小梗上脱落，随风飘扬。在显微镜下，孢子呈椭圆形，有时一端稍尖呈卵圆形，(5～7) μm×(3.4～4) μm，光滑无色。

菌柄又叫菇柄、菇脚，生于菌盖下边，圆柱形或稍扁，上部白色，基部略呈褐色，坚韧、中实，纤维质。菌柄一般 3～8 cm，直径 0.5～1 cm，是支撑菌盖、菌褶和输送养分的器官。子实体开伞后，菌柄残留一环形白色膜状物，称为菌环，它不久便会自行消失。

二、香菇生活史

香菇属于异宗结合、四极性双因子控制生殖的真菌。所谓异宗结合，即必须由两个不同性别的菌丝细胞质配(即原生质发生融合)才能生育;四极性是指异宗结合真菌中的一种性亲和现象。在这一现象中,每1个担子产生的4个担孢子,属于不同的性亲和,故称四极性。其生殖过程是由不亲和的A因子和B因子控制,故称双圈系。

香菇子实体成熟后,从菌褶上弹射出亿万个担孢子,在适宜的温、湿度和光照条件下,孢子先吸湿膨胀,然后沿长轴方向伸长萌发成单核菌丝。单核菌丝分别含有不同性基因簇,其性的亲和基因有两对,即A1B1、A2B2。只有一条单核菌丝与另一条含有两个不同基因簇,如A2B2或A2B1与A1B2的单核菌丝融合后,才产生四极性的双核菌丝,即A1B2、A2B2(亲本的),A1B1、A2B1(重组的)。也就是只有当两个单核体的A、B位点上的等位基因不同时,才能形成双核菌丝的杂交,才有可孕性。近年来研究者发现,单、双核菌丝体在环境条件恶劣时,均会产生厚垣孢子;条件适宜时,厚垣孢子又可分别重新萌发成菌丝。双核菌丝在整个生活史中,占相当长的时间,在适宜的温度、湿度、光照条件下,便进入生殖阶段,发育纽结成瘤状突起的胚胎组织,继而分化为子实体原基。原基在适宜环境条件下,突破段木的树皮或袋栽的菌膜,形成了菌蕾,逐步发育成子实体。子实体成熟后,又产生担孢子,这样周而复始,就形成了香菇的生活史。

三、香菇养分需求

香菇属于木腐真菌,不能进行光合作用,主要依靠菌丝分泌的各种酶分解栽培料中的纤维素、木质素等。所以栽培料的好坏直接影响到香菇产量和质量的高低。香菇栽培料以木屑为主，最常用配方为木屑 78%，麸皮 20%，糖 1%，石膏 1%，该配方的含碳量为 50.4%，含氮量 0.8%，碳氮比为 63∶1。由于各地的林木资源不同，香菇生产所采用的木屑也不尽相同。北京地区有较丰富的苹果木、桃木、栗木、梨木等果木及杨、槐木资源，这些均可作为香菇的栽培原料，但以选择果树、柞树等蔷薇科、壳斗科的阔叶树木屑较为理想，杨、柳木木质化程度较低，用其制作菌棒出菇产量低。生产中常常选用多种木材的混合木屑，通过合理搭配做到既不影响产量，又能充分利用既有资源。此外，陈旧的木屑比新鲜的木屑更好。还要注意木屑地粗细搭配，过粗容易扎破塑料袋，过细影响袋内通气，粗木屑与细木屑的比例以 3∶1 为宜。

(一)碳源

碳源是香菇生长发育的主要营养来源。它在香菇代谢中起两方面的重要作用：一是构成活细胞中的蛋白质、核酸、糖等的元素；二是有相当多的能量来源于碳水化合物的氧化作用。碳源几乎都来自有机化合物，如糖类、有机酸、醇类、淀粉、纤维素、半纤维素、木质素等。在常见的碳源中，糖类小分子化合物可直接被菌丝吸收利用；而纤维素、半纤维素、木质素、淀粉等大分子化合物，不能直接被菌丝吸收，必须由菌丝分泌出的酶等，将其分解成小分子化合物，才能被吸收利用。

(二)氮源

氮素是提供香菇菌丝合成原生质及细胞结构物质所不可缺少的营养元素。氮源主要是有机氮和无机氮。但不能利用硝态氮和亚态氮。香菇菌丝能直接吸收氨基酸等小分子有机氮,而蛋白质是一种高分子的有机化合物,必须通过菌丝分泌的蛋白酶分解成氨基酸,才能被吸收利用。氮素在木材中的分布不均匀,在形成层中最多,在心髓中最少。据测定,树皮含氮量为3.8%~5%,而木质部含氮量只有0.4%~1.5%。

(三)碳氮比

碳氮比例是极为重要的,香菇在营养生长阶段,碳氮比以(25~40)∶1为好;在生殖生长阶段,碳氮比一般以(63~73)∶1为宜。日本安藤氏认为,在香菇原基分化和生长阶段,如果氮的浓度过高,酪蛋白氨基酸超过0.02%时,原基就会受到抑制,子实体反而难以形成。通常在营养生长阶段的最适氮源浓度是0.016%~0.064%,超过这个浓度,菌丝生长受到抑制;子实体发生时的氮源浓度比营养生长阶段要小,应不超过0.02%,避免子实体生长受到抑制,影响产量。

(四)无机盐

无机盐即矿物质。主要元素有磷、硫、镁、钾等。这些元素直接参与构成细胞的成分,有的能保持细胞渗透的平衡,促进新陈代谢的正常进行。尤其磷、钾元素,不仅对香菇菌丝生长有利，而且对香菇子实体的生长发育也有益。微量元素，包括铁、铜、锌、锰、硼、钴、钼等，这些都是酶活性基本组成的成分或酶的激活剂。

(五)生长素

生长素同碳源和氮源相比，需要量极少，但与营养生长和生殖生长关系很大，它是组成各种酶的活性基团的成分，能起到代谢和催化作用。

四、香菇对环境的要求

(一)温度

香菇菌丝的生长温度为 5～32℃，健壮生长温度为 18～22℃，此时菌丝生长速度稍慢，但菌丝粗壮、浓密；快速生长温度为 24～27℃，虽生长快速，但菌丝较纤细、稀疏；0℃以下及 32℃以上，则菌丝生长不良，35℃时菌丝停止生长。香菇菌丝耐寒力较强，在 5℃以下经 8～10 周仍能生存。香菇是低温和变温结实性的菌类，当菌丝生理成熟时，突然受到外界较短时间的低温刺激后，菌丝体生长迅速变慢，促使养分和水分积贮成聚点，用以抵制外界不良环境，这就迫使其开始纽结成“盘状”组织，从而形成原基。温差越大，原基发生越多。北方秋季昼夜温差 10～15℃，所以原基发生量比南方多，香菇产量也高于南方。在恒温条件下，子实体不能很好地形成。其原基分化温度为 8～21℃，最适为 10～12℃。所需温差幅度由香菇品系所决定，一般低温型原基分化温度为5～15℃，发育温度为10～15℃；中温型原基分化温度为8～20℃，发育温度为15～20℃；高温型原基分化温度为15～25℃，发育温度为20～25℃。香菇原基形成之后，子实体的生长发育对温差的要求不高，但适当的温差可促使优质香菇的形成。一般情况下，气温高，子实体发育快，多出薄皮菇，质差；在低温下，子实体发育缓慢，质优，肥厚浓香。生产实践中，要根据当地气温变化范围，选定所栽培香菇品系的温型。

香菇完成一个生长周期，必须满足其一定的温度，这个总和常数称为“积温”。积温受发育时间和发育期间温度两个因素的影响。用公式表示就是：$W=NT$（W为积温常数，N为发育天数，T为发育期间日平均气温）。香菇正常生长发育的起点温度为5℃，高于5℃的温度才是每日的有效温度。再把它乘以生长发育天数（从接种到开始采收的总天数），其得数就是有效积温。公式是：有效积温=（发育期日平均温度－5）×生长发育天数。我国对香菇的积温研究不多。日本人很重视，他们研究的结果认为，一般低温品种，段木栽培需要有效积温4 000～5 000℃；高温品种3 000～4 000℃。而木屑栽培由于培养基疏松，接种培育期间又选择最佳气温，因此生长发育较快，积温要求也相应减少。

（二）湿度

香菇在不同的生长发育阶段对水分和湿度的要求有所不同。菌丝生长时，培养料的含水量以55%，空气相对湿度以

70%左右为宜;子实体发育阶段含水量以60%,空气相对湿度以85%～93%为适宜。

(三)空气

香菇属好气性需氧真菌,呼吸作用是香菇正常生命活动所不可少的生理过程,不同生长阶段所需氧量也不同。菌丝生长期需氧较少,而子实体生长期需氧量较大,排出大量二氧化碳。因此在出菇管理中要特别注意棚内的通风换气,保持空气新鲜。

(四)光线

香菇菌丝可在黑暗条件下很好地生长,强光对菌丝生长有抑制作用。子实体在生长发育过程中需要强度适宜的散射光,散射光线可以促进菌丝发育以及色素的转化和沉积。在子实体分化时期,没有一定的散射光线,原基不易形成。在光照不足的情况下,长成的香菇色淡、肉薄、柄长,质量差。但强烈的直射光对香菇尤其是幼小菇蕾有很大的伤害。

(五)培养基 pH

香菇和其他木腐菌类一样,喜欢在偏酸性培养基质上生长,要求 pH 为 5.5～6.5。在适宜的酸碱度范围内,不同的 pH 对香菇菌丝生长影响不大。一般的木材、秸秆和水的酸碱度均适合香菇生长,不必调整。但有些地区水质偏碱,在配料和喷洒用水时,要注意水质,防止偏碱性。

总而言之,香菇菌丝能否顺利从营养生长转入生殖生长并结菇，主要因素是温差刺激、湿度和光照。当原基形成之后能否进一步发育，关键是保证适宜的温度和通风换气，同时还必须保证有适当的相对湿度和光照。在栽培中尽量模拟和创造最适于香菇生长发育的环境条件，才能获得高产优质的香菇。

第四章　香菇生产设施设备

香菇从菌种制作到栽培袋生产以及出菇管理，都需要在一定的可控的环境中进行。人为创造生产环境以满足香菇菌丝生长、发育需要的温度、湿度、光照等条件是成功栽培香菇的关键。总体而言，香菇生产设施要求有良好的通风条件，水、电配套，交通便利，周围环境干净、整洁，无鸡舍、猪舍等动物排污污染源，无垃圾处理污染源，无废水处理污染源，更无化工厂有毒有害气体及液体污染源等。

一、香菇生产设施

香菇的生产包括菌种制作、菌棒生产、出菇三大环节。由于三个环节生产内容、技术要求的不同，这三个环节的操作都要求在特定的场所中完成。

(一)菌种生产中心

菌种生产中心是香菇菌种(包括母种、原种、栽培种)繁育的场所。香菇的菌种生产要求高，操作精细，生产场地应合理布局，科学规划，才能繁殖出高质量的菌种，保证生产效益。

1. 菌种中心规划的基本原则

(1)设备配套　根据香菇的生产规模，确定菌种中心各部分的面积，并选择与生产量相适应的、不同规格型号的设备和数量。

(2)设施配套　根据实际技术水平、设备条件及生产需求，配套相应条件的硬件设施，并规划筹备实验室及栽培实验室。

2. 平面布局要求

严格地按杂菌的传播规律和菌种生产工艺要求来建立菌种中心。除了要求设备较齐全、人员素质高外，布局上严格按有菌区和无菌区划分。具体要求如下：

(1)所有建筑场所内均要求处理平整、光滑的水泥地面，以便于机械运输，易于清洁；内壁要求干燥且便于冲洗；墙壁与地面的交界处宜成弧形或采取其他措施，以减少灰尘积聚和便于清洁。

(2)使用双门灭菌锅，一门与有菌区(培养基制作室)相通，另一门与无菌区(冷却室)相通。注意双门不能同时开放。

(3)工作人员必须具有一定的微生物常识，经过严格的无菌操作培训，进入无菌区前须消毒更衣。

(4)培养室有空调装置，保证高温季节能正常生长，培养室同时还要有通风、调湿、控光设施，为充分利用空间，培养室需搭架。

(5)冷却室、接种室要求作水磨石或油漆地面,四周墙壁和天花板油漆防潮,安装空气过滤装置,冷却室配备除湿和强制冷却装置,接种室配备分体式空调机。

(6)工具或用品必须灭菌或消毒后,方可进入无菌区使用。

(7)冷却室、接种室、培养室均采用拉门结构,减少开关式门窗启动过程的空气流通。

(8)整个无菌区要求密闭性能好,并可进行小区域隔离消毒。

(9)保持冷却室、接种室处于正压状态,高出室外$(2.94\sim4.9)\times10^4$ Pa,其中接种室气压又要高于冷却室,冷却室要高于缓冲室和培养室。

(10)原料仓库远离冷却室、接种室和培养室。原料仓库要求通风良好,有防潮设施。

(11)栽培实验室与制种场应当分开,不能在同一处或相近的地方,避免栽培场杂菌传入制种室。栽培实验室应有调温、控湿、通风、光照设施,要满足各类菌生长的需求。

(12)培养室、制作室和其他仓库实验室为有菌区,冷却室、接种室和培养室为无菌区,其中冷却室、接种室为高度洁净的无菌区,要求空气净化程度达到100级。

(13)场地用水的水源要清洁卫生,符合饮用水标准。

(14)培养室、实验室、灭菌室、冷却室、接种室、栽培实验室等厂房要有防止昆虫和其他动物进入的设施。

(15)无菌区的窗户、天棚及进入室内的管道、风口、灯具与墙壁或天棚的连接部位应密封,空气洁净度级别不同的相邻房间之间的静压差应大于 5 Pa,洁净室与室外大气的静压差应大于 10 Pa,并应有批示压差的装置。

(16)不同空气洁净度级别的洁净室(区)之间的人员及物料出入应有防止交叉污染的措施。

(17)洁净室(区)内各种管道、灯具以及其他公用设施,在设计和安装时应考虑使用中避免出现不易清洁的部位。

(二)菌棒生产车间

菌棒生产的工艺为:拌料→装袋→灭菌→冷却→接种→养菌。因此,菌棒生产场地包括:原料储备场地、拌料场地、装袋场地、灭菌场地、接种场地、发菌场地。

1. 布局基本原则

对于一个规模化香菇菌棒厂,场地的安排布局非常重要。布局合理,不但操作方便,节省工时,而且还可减少菌棒的破损,从而大大保证菌棒成品率。

因此布局基本原则是操作方便,减少搬运、装卸,保证工艺衔接,提高工作效率,减少菌袋破损,提高菌棒的成品率。

2. 平面布局要求

对于新建香菇菌棒生产场的设计应满足如下条件:

(1)原料储备场地　原料储备场地最好选择固定建筑仓库,无条件的可搭建原料仓储棚。如果大量储存木屑也可在露天，原料储备场地要远离接种场地。

(2)拌料场地　拌料场地毗邻装袋场地，以减少运输，节约成本。场地要求用水泥硬化地面，位置可靠近原料储备场地。

(3)装袋场地　装袋场地与拌料场地中间隔开，以免拌料时粉尘落在塑料袋（菌棒）的表面而导致污染。

(4)灭菌场地　灭菌场地要适当远离原料储备场地和拌料场地，要求地面一定要硬化并保持干净，周围决不允许有破损菌棒久置。此外灭菌场地可在室内或室外，如果在室内最好和锅炉隔开；如果在室外灭菌场地一定要远离污染源。

(5)接种场地　接种场地基本要求在自然状态下杂菌浓度尽量低。生产实践中我们对接种场所有如下要求：①地势高燥便于通风。②地面、墙壁及房顶干燥光滑，同时密闭性要好，以便于清扫和消毒。③适当远离菌棒或菌种培养室，必须远离原料储备场地及拌料场地。④远离垃圾场或其他杂菌污染源。接种场地一般有接种室、接种棚或接种帐三类。

(6)发菌场地　依据生产条件和生产规模，发菌场地一般分为发菌车间、塑料大棚、温室大棚。发菌场地对菌棒生产的成功率亦影响很大。对发菌场地的要求最重要的两条：一个是良好的通风条件；一个是场地环境要清洁干燥。

（三）出菇场所

1. 日光温室（图 4-1）

跨度 7～8 m，脊高 3.2～3.5 m，墙体厚度 80 cm 以上，墙

体中间有珍珠岩或泡沫保温层，有棚膜、保温被或适当厚度的草帘。既有良好的采光、升温效果，又有良好的保温作用。后墙留有上下两排通风口，可进行通风，调控室内氧气及温度、湿度。夏季生产需要设置遮阳率80%～90%的遮阳网，悬挂在温室上方1 m左右的地方，以达到降温作用。此外，棚内要有微喷设施，接有清洁水源。

图4-1　日光温室

2. 半地下温室(图4-2)

整个温室底部位于地面下1 m左右，以减少地面散热面积，提高温室的保温效果。建温室之前从地面向下挖1 m左右，内部跨度7～8 m，脊高3.2～3.5 m，墙体厚度80 cm以上，有棚膜、保温被或适当厚度的草帘。既有良好的采光、升温效果，又有良好的保温作用。后墙留有1排通风口，可进行通风，调控室内氧气及温度、湿度。温室周围建有良好的排水系统，可防止雨水灌到棚内造成灾害。

图 4-2　半地下温室

3. 春秋棚(图 4-3)

选择地势平坦,通风良好、排水方便的场地,用镀锌钢管完成弧形支架作为骨架,搭建宽 8 m,顶高 3.5 m,长度根据场地及管理方面的原则而定,一般选 50 m。棚两侧安装卷帘器。棚两端设置缓冲间:正门 2 m×2 m×4 m,出口 1 m×1 m×2 m,用 80 目防虫网封闭,防止菇蚊、菇蝇等飞入危害

图 4-3　春秋棚

生产(图 4-4)。在缓冲间挂置两块粘虫板,用于捕杀飞入缓冲间的蚊虫。缓冲间使用时,正门和出口严禁同时开启,以免蚊虫随气流飞入棚内。棚内顶部设置微喷设施。棚外加盖塑料布和遮阳网。棚顶 0.5 m 安装水平遮阳网,以便降温。

图 4-4　春秋棚的缓冲间

4. 林地拱棚(图 4-5)

一般选择地势平坦、排水方便、行距 4～6 m,株距 3～4 m、树龄 4～5 年以上的速生林地内,在树行间建宽 3 m,顶高 2.5 m,长度根据林地及管理方面的原则而定。拱棚内顶部设置微喷设施。树龄小的或树势弱的林地需设置遮阳率 80%～90%的遮阳网,覆盖在棚外或悬挂在棚上方 0.5 m 左右的地方,以达到降温作用。

图 4-5　林地拱棚

二、香菇生产设备及工具

当今香菇生产已开始逐渐向规模化、标准化方面发展，这很大程度上得益于食用菌生产设备、工具的不断发明、运用。

(一)香菇菌种生产设备及工具

1. 电磁炉及煮锅

在香菇母种培养基制备时，需要熬制马铃薯营养汁液，并将称取好的葡萄糖、琼脂粉加入到马铃薯滤液中充分融化，调制均匀。这一步骤可以在煤气炉上进行，也可以使用电磁炉及煮锅，方便、快捷。

2. 母种培养基分装设备

母种培养基配置好以后，需要将培养基分装到试管或平皿中。分装试管时，一般用到铁架台和漏斗装置(图 4-6)。为了形成斜面，且不污染棉塞，试管装液量要求不超过 1/3，以 1/5 最宜。分装后试管口用棉塞或橡胶塞封口。

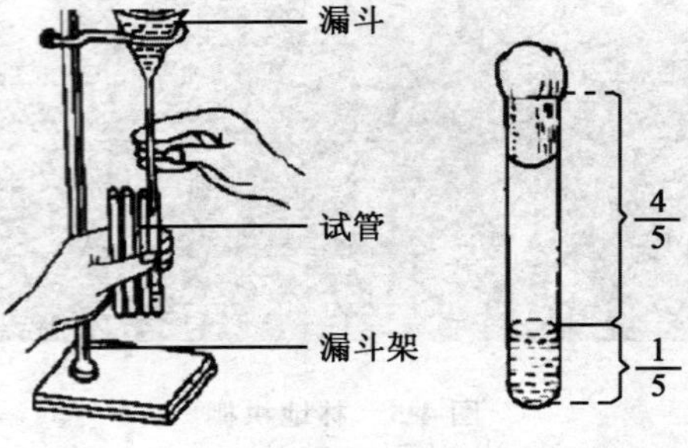

图 4-6　铁架台及其使用示意图

3. 高压灭菌锅

培养基分装后，需要进行灭菌。制作菌种时，一般使用高压灭菌锅来灭菌。若母种培养基灭菌或灭菌物品较少，可以使用小型的手提式高压灭菌锅。在制备原种或栽培种时，由于灭菌量大，可以使用立式灭菌锅。若灭菌量更大，还可以选择卧式高压灭菌锅。详细见图 4-7 和图 4-8。

4. 接种工具

在将菌种转移的过程中，需要使用专用的工具，称为接种工具。这些接种工具绝大部分用不锈钢丝锻制和用碳钢制造后进行镀镍处理，手柄处常用塑料浇注成形。接种工具可以购买也可以自制。常用到的接种工具有接种刀、扒、铲、环、针、匙和镊子等(图 4-9)。这些工具在使用时，需经过高压湿

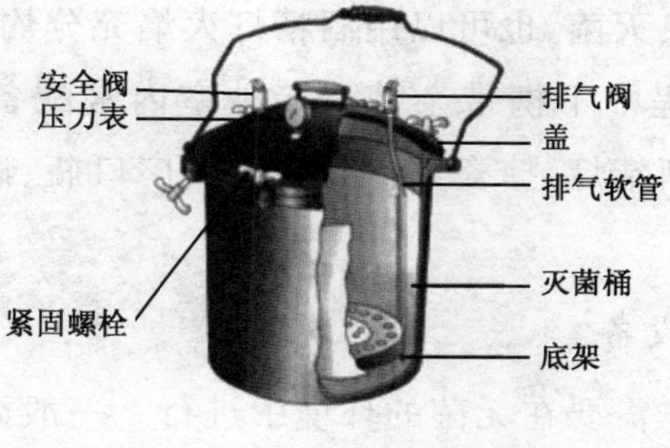

图 4-7　手提式高压灭菌锅结构

图 4-8　手提式、立式和卧式高压灭菌锅

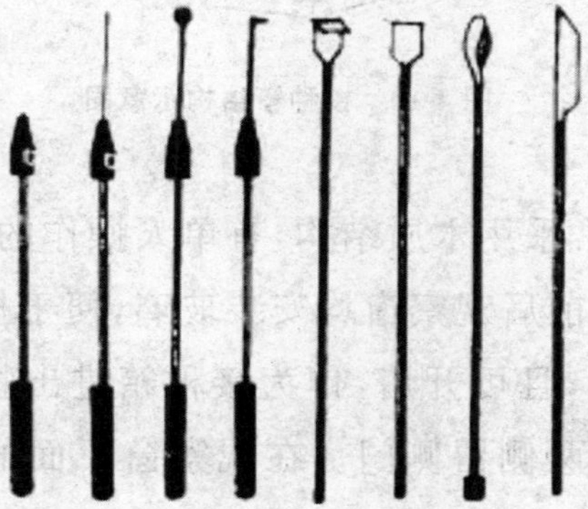

图 4-9　常见接种工具

热灭菌或干热灭菌,也可以用酒精灯火焰充分灼烧接种端,以保证接种过程中不携带杂菌。接种室内常配备有医用解剖刀、手术刀、酒精灯、搪瓷方盘、培养皿、广口瓶、试管架等接种辅助工具。

5. 接种设备

接种操作需要在无菌的环境中进行。一般菌种生产中可以采用接种箱(图 4-10)和超净工作台(图 4-11)。大规模生产时,也有用离子风接种设备的。

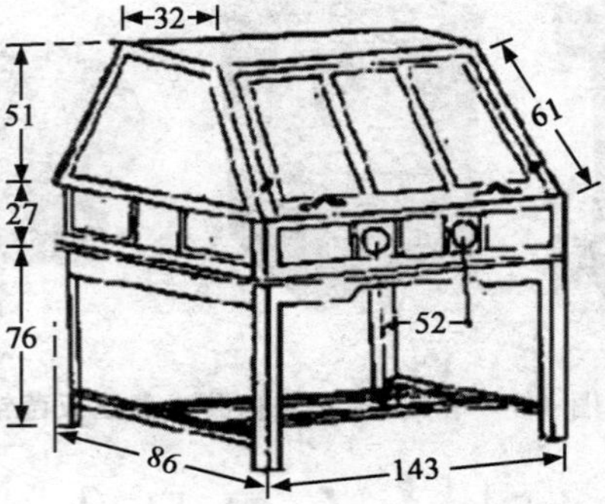

图 4-10　接种箱结构示意图

接种箱通常采用木质结构,有单人操作的,也有供双人操作使用的,一般前后观察窗均安装玻璃,便于操作。观察窗应保持 70°倾斜面,且可开启,作为接种箱进出物品的通道。必要时,还可以在两侧留侧门。在观察窗下面的木挡板留 2 个操作孔,套上布套袖,用于操作人员将手臂伸入箱内接种。接种前,先用药物熏蒸并打开箱内的紫外线灯管进行消毒,然后

图 4-11　超净工作台

关闭紫外线灯，点燃箱内的酒精灯，用酒精擦拭手后开始接种。接种箱容积要大小适宜，若单人操作，以一次能放入60～80 只 750 mL 的菌种瓶为宜；若双人操作，以一次放入菌种瓶120～150 只为宜。除接种器具外，接种箱内不要放置其他无关物品。

超净工作台也称为净化工作台，是提供局部无尘、无菌工作环境的空气净化设备。按净化空气的气流方向不同，可分为水平层流式和垂直层流式；按操作台容量大小分单人作业式和双人作业式。

6. 培养箱

培养箱是用于为食用菌菌丝生长提供一定温、湿、光照条件的设备（图 4-12）。培养箱的种类很多，由专业的仪器设备制造商制造，栽培者依据自身条件选择适宜的培养箱即可。

7. 冰箱

冰箱在实验室的用途主要是用于保藏食用菌菌种(图 4-13)。香菇母种在 0～4℃条件下,可保存 90 d 左右。

图 4-12　培养箱

图 4-13　冰箱

(二)香菇菌棒生产设备及工具

不同生产者对于机械化、自动化程度要求不同,可分为 3 种形式:第一种以专业户和兼业户为主的生产形式。培养料拌料、装袋作业依靠人力,菌棒采用常压灭菌灶灭菌。第二种是小规模专业化生产,使用搅拌机拌料,人力小车运输,用简易的小型装袋机装袋，菌棒采用常压灭菌灶灭菌，生产规模适中。第三种是大型菌包厂，把原料筛选、拌料、装袋、灭菌等工序使用生产线串联起来，运输使用叉车或传送带，自动化程度高，生产效率高，专业化程度高，菌棒规格也可以实现标准化。依据我国香菇生产实情，现就主要设备作一介绍。

1. 拌料机

食用菌拌料机主要用途是将培养料的主料、辅料和水混合均匀，其型号很多，规格不一样，所以价格也不同，从数百元到数千元的都有，生产者依据实际情况自选。一般常见的有翻料机和卧式拌料机，见图 4-14。

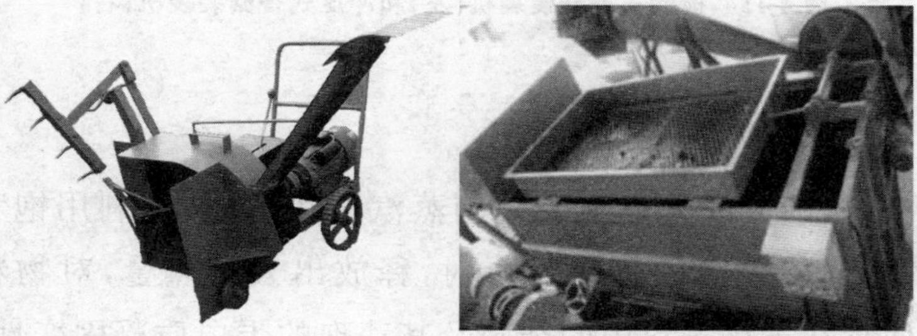

图 4-14　翻料机(左)和卧式搅拌机(右)

2. 装袋机

香菇菌棒生产时常用到两种装袋机，搅轮式装袋机和冲压式装袋机(图 4-15)。前者造价低，操作简单，适于人工操作，但功率低，装袋质量主要依靠经验掌握，装袋标准化难以实现，适合小规模生产，4 人一组，每小时可装 300～400 袋。

现已有气动冲压式的搅轮装袋机出现。而后者，成本虽高，但可以与拌料系统串联形成生产线，同时装袋效率高，4 人一组，每小时可装 1 200 袋。而且装袋紧凑，质量高，便于实现标准化生产。

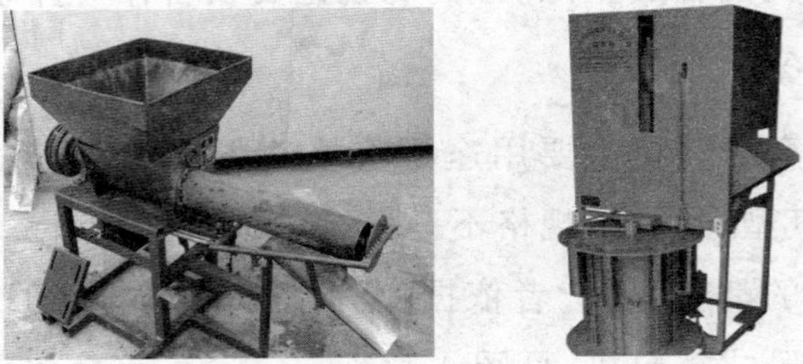

图 4-15 搅轮式香菇装袋机（左）和冲压式香菇装袋机（右）

3. 灭菌设备

香菇菌棒的灭菌主要采用蒸汽湿热灭菌，即利用饱和水蒸气遇到待灭菌的物料冷凝时，释放出大量热量，对物料加热，使存在于培养料内的杂菌及其芽孢的蛋白质凝固变性，进而达到灭菌的目的。湿热灭菌按照灭菌温度、压力的不同，可以分为常压灭菌和高压灭菌。由于设备投入、灭菌条件所限，一般香菇菌棒采用常压灭菌。常压灭菌设备投入低、投资少，生产性培养料灭菌数量大，常用常压灭菌，但其时间较长，能耗较大。在香菇实际生产中，采用常压灭菌时，依据投入成本划分分为常压灭菌包和常压灭菌柜两种（图 4-16）。

（1）常压灭菌包　常压灭菌灶建造简单，仅由一台供气锅炉和一个灭菌包构成，投入成本低，不受场地限制，搬运方便，适合一般农户使用。

(2)常压灭菌柜　常压灭菌柜设备投入较高，安装较为复杂，受到场地限制，但灭菌效果好，适合大型菌包厂使用。

图 4-16　常压灭菌包(左)与常压灭菌柜(右)

4. 接种设备

袋栽香菇生产过程中，菌棒灭菌与冷却后接种是最关键的一道工序。香菇生产中常用的接种设备是接种箱和接种帐(图 4-17)。

(1)接种箱　菌棒最常用的接种方法是接种箱接种。接种箱接种数量有限、操作不便、速度慢，难以适应规模生产的需要，但其成功率高，尤其在高温季节接种效果好，菌棒成品率高。

(2)接种帐　目前，大规模生产常用“帐式”(塑料棚)接种方法。此法具有接种数量多、操作方便、速度快、成本低、成活率高的优点，受到菇农的欢迎。

图 4-17　接种箱(左)与接种帐(右)

接种帐的搭建：采用 3 m 宽、16 m 长，0.5 mm 厚的农用薄膜，搭成 3 m×3 m×2.9 m 的塑料棚，用塑料封口机或电熨斗将“棚顶”四边与四边封合。在一侧接合处重叠 0.5 m 且不封合，作为进出通道。在接种棚的 4 个角上，各系一条绳子，系在外棚架上。

接种时将已冷却的菌棒堆成“井”字形，每一层 4 棒，沿着棚内 3 m×3 m 的空地堆成一圈(注意门前留出走道)，中间留 3～4 m^2 的空地。接种前先进行常规消毒(一般使用气雾消毒剂 75～100 g)，消毒时要关闭“棚门”，地面与棚的接触处用河沙或废菌棒压实，不让漏气。消毒后接种人员通过棚门进入，按无菌操作规程进行接种(人员入棚前，应掀起帐门换气 15 min 左右)。其操作步骤及要求与接种室接种相同。一般每棚可放 1 000 棒，4～5 人接种，3 h 左右可接完。有条件的还可以在接种帐内加装无菌层流罩，以便通风换气，效果更佳。

(三)香菇出菇生产设备及工具

1. 香菇通氧工具

香菇菌棒内的菌丝直径达 7 cm 以上时，要进行刺孔，放小气，以利于菌丝获得氧气，快速生长，方法是用铁钉在接种边缘刺 3～4 个 1 cm 深的小孔，将菌棒每 4 筒按"井"字形堆放，加强通风，防高温烧菌。发菌到一半时在菌丝和袋壁无空隙处刺孔进行第二次通氧。待菌丝发满菌袋形成原基出现瘤状物时第三次通氧，这次要尽量刺深刺透，一般放气越多出菇量越大，但朵形偏小。此时通氧刺孔可选择专用的工具。一般常用的有刺孔板、刺孔机(图 4-18)。

图 4-18　曲轴式刺孔机增氧(左)与轮式刺孔机增氧(右)

2. 微喷加湿系统

香菇出菇期需要保持空间相对湿度达 85%，最适温度在 15～25℃。微喷兼有加湿和降温的功能，并且可以减少直接向食用菌子实体喷洒水造成的损伤和不利。一般而言，微喷灌增湿系统由水源、控制部、输配水系统、微喷头四部分组成。微喷头是微喷灌增湿系统的关键部件，作用是将其中的水流分散成细小水滴，尽可能均匀地喷洒在其射程范围内。常用的微喷头具有4个雾化出口，并带有止漏阀（图4-19）。其可以喷洒雾状水，降低棚内温度，增加棚内空气相对湿度，避免由于水滴使幼菇发生生理性病害。

图4-19　香菇棚内的微喷系统

3. 香菇菌棒的补水设备

香菇袋料栽培的菌棒经过出菇后，内部水分消耗较大，此时需要通过补水来使菌丝恢复营养生长，从而再次形成子实体。由于菌棒表面有一层厚厚的菌皮，外部喷水效果不佳，因此常采用浸水法和注水法。浸水法需要过夜，时间长，同时需要大容量的浸水沟渠，操作不便，费时费工，也会引起养分流失，现已很少采用。采用注水法不仅省时省工，而且可以避免养分流失，是一种高效的补水方法。近年来有人开发香菇自动注水机，以期实现补水的自动化，但还不完善，效果有限。这里，仍以多管针式注水器（图 4-20）为例加以介绍。

图 4-20　多管针式注水器

多管针式注水器是一个食用菌生产上专用的注水器具。针头铁质，是一个与菌棒长短相当的空心铁针，依据规格不同每根针上有 10～20 个小孔，针尖较锋利，针手柄处连接塑料支管，支管与多通相连，再由进水口与水管相连，打开开关，水就会从注水枪上的小孔喷出。注水时将注水枪的头部从菌棒顶端延菌棒纵向插入，深度以没过铁针为宜。注水量要适中，不能太多也不能太少。太少菌棒水分不足，太多容易造成菌棒腐烂，都会影响出菇。

4. 杀虫灯

杀虫灯是根据昆虫具有趋光性的特点，利用昆虫敏感的特定光谱范围的诱虫光源，诱集昆虫并能有效杀灭昆虫，降低病虫指数，防治虫害和虫媒病害的专用装置，主要用于害虫的杀灭，减少杀虫剂的使用，是食用菌生产中常用的害虫物理防治器具。香菇生产中，杀虫灯具有预防和杀灭菇蚊蝇、香菇蛾等害虫的作用，种类有诱捕和触杀两种（图 4-21）。

图 4-21　两种杀虫灯

第五章　香菇优良品种选择与菌种生产技术

一、香菇品种的选择

香菇品种的选育是在一定的气候环境条件下进行的，因而，具有各异的生态型，它们在菌丝生长、子实体形态和产量方面有很大差异，每个品种都有自己的生物生态学特点。根据当地气候环境特点选用相应类型的品种是栽培成功的关键所在。在气候环境条件中，决定香菇生长发育的主要因素是温度。

根据香菇生长对温度的要求可将香菇品种划分为高、中、低和广温型四个类型。①高温型：出菇温度15～33℃，8℃以下不出菇；②中温型：出菇温度8～26℃，低于8℃，高于26℃都不能正常出菇；③低温型：出菇温度4～24℃，25℃以上不能正常出菇；④广温型：出菇温度6～30℃，低于6℃，高于30℃不能正常出菇。

香菇生长的形态特征关系到商品的优劣，是选种的重要依据。根据香菇的外观表现形态，可将菇形划分为圆整、不圆整、畸形三类。①圆整：菇幼时半球形，成熟后略平展，边缘内卷；②不圆整：菇呈不规划半球形，或菇盖凹凸不规则或帽状；③畸形：菇不分化，呈瘤状物，菌褶反卷，盖柄粘连等。

根据菇盖直径大小将菇分为大、中、小三类。①大型菇：菇盖直径 8 cm 以上；②中等菇：菇盖直径 4～7 cm；③小型菇：菇盖直径小于 4 cm。

根据菇盖生长发育的薄厚分为厚菇、中等菇及薄菇。①厚菇：菇盖厚 1.6 cm 以上；②中等菇：菇盖厚 1～1.5 cm；③薄菇：菇盖厚小于 1 cm。

根据菇柄与菇盖生长比例，将菇划分为柄长、柄中等、柄短三个类型。①柄长：菇柄长大于菇盖直径；②柄中等：菇柄长与菇盖直径等长；③柄短：菇柄长小于菇盖直径。

香菇产量是其生命力的另一表现形式，高产才能高效，才能有栽培价值，根据香菇的生物转化率可将其分为高产、一般、低产三类。①高产：生物转化率高于 100%；②一般：生物转化率达 80%～100%；③低产：生物转化率低于 80%。

二、几个香菇优良品种

1. L18

L18 属中高温型早熟品种，出菇温度 15～28℃。子实体中型，菌盖茶褐色，肉厚，质地致密，口感好，温度高时菌柄较长。抗逆性强，转潮快，产量高，菌龄 60 d 以上，是近几年京、津、冀地区夏季栽培的主要品种之一，特别适宜冷棚覆土地栽。

2. 武香 1 号

武香 1 号属高温型早熟品种，出菇温度 10～30℃，在 34℃的菇棚中子实体仍可生长。子实体中等，菌盖浅褐色，菇圆整，菌柄长度中等。菌龄 60 d 以上，耐高温，抗逆性强，是近年京、津、冀地区夏季栽培的主要品种之一，适宜林地栽培及覆土地栽。

3. 931

931 属高温型早熟品种，出菇温度 10～30℃。该品种出菇温度范围广，温度低时菇型大，肉厚，柄短。菌龄 70 d 以上。抗高温及杂菌能力强，是北京地区夏季栽培的品种之一。

4. L26

L26 属中温型早熟品种，出菇温度 10～26℃。子实体中大型，菌盖褐色，肉厚，柄较短。抗逆性强，出菇快，产量高，菌龄 65 d 以上，是近两年北京郊区种植的品种之一。

5. 168

168 属低温型中早熟品种，出菇温度 8～25℃。子实体特大型，菌盖茶褐色，圆整，肉厚，柄短。抗杂菌能力强。菌龄 90 d 以上。菌丝转色好，产量高，品质优，适于鲜销。在北京地区栽培适宜春季制棒，越夏养菌，待夜间气温降至 20℃以下时脱袋出菇。该品种耐高温能力较差，越夏时要注意防止高温烧菌。

6.808

808属中低温型中熟品种。出菇温度8～25℃。子实体特大型，菌盖圆整，肉较厚，柄短。抗杂菌能力强。菌龄100 d以上。适于鲜销，产量高，品质好，是北京及河北近几年主要栽培品种之一。该品种耐高温能力较差，越夏时要注意防止高温烧菌。

7.939

939属中低温型中熟品种，出菇温度8～22℃。朵形中等，盖褐色，柄较长，北京地区8～9月制棒，冬季出菇，菌龄90 d以上；抗逆性较强，产量高。

8.L135

L135属低温型晚熟品种，出菇温度7～18℃。朵形较大，肉厚，菌盖淡褐色，北京地区春季制袋，晚秋至早春出菇，菌龄180 d以上，产量较高，花厚菇比例高，是生产花菇的主要品种。

三、母种制作方法

(一)培养基制作

1.常用母种培养基配方

(1)马铃薯-葡萄糖-琼脂培养基(PDA培养基)　去皮马铃薯200 g，葡萄糖20 g，琼脂20 g，水1 000 mL。

此培养基养分较少，菌丝不会徒长，常用于菌种分离、提纯及转管保存菌种。

(2)综合马铃薯-葡萄糖-琼脂培养基(CPDA 培养基)　马铃薯 200 g(用浸出汁),葡萄糖 20 g,磷酸二氢钾 2 g,硫酸镁 0.5 g,琼脂 20 g,水 1 000 mL,pH 自然。

2. 母种培养基制作方法

以配方(1)为例,选择优质马铃薯,去皮(挖去芽眼),切成薄片,称取 200 g,加入清水。由于煮制过程中的损失,一般加水 1 500～2 000 mL,先大火烧开后用文火煮 20 min,4～6 层纱布过滤取其汁液,加入琼脂并使其充分溶化,定容至 1 000 mL,加入葡萄糖,搅拌均匀。趁热分装于试管中,装量为试管长度的 1/5～1/4。要避免营养液粘在试管口上,塞上棉塞。棉塞用未经脱脂的原棉制作。捆成 7 支或 10 支一把,再用牛皮纸将试管口包扎好,垂直放入高压锅内进行灭菌。在压力为 0.15 MPa 下保持 25 min,灭菌结束后待压力表自动降到零时打开锅盖,取出试管趁热摆斜面,斜面长度占试管长度的 1/2～3/5。室温低时应在试管上盖上棉垫或毛巾进行保温,以免试管温度急剧下降导致管壁产生大量冷凝水。为确保质量,做好的培养基在常温下空白培养 2～3 d,未发现杂菌生长方可使用。

(二)母种制作

1. 孢子分离法

孢子是食用菌的有性繁殖单位,能自动从成熟的子实体上弹射出来。孢子分离法是指在无菌条件下,使食用菌产生的孢子在适宜的培养基上萌发,长成菌丝体而获得纯菌种的方法。

孢子分离法的优点:①有性孢子具有双亲的遗传特性,变异性大,是选育新菌株和杂交育种的好材料,可供选择优良菌株的机会较多。②孢子的生命力强,所得菌种生活力旺盛。因此,又常被用作菌种复壮的手段。

(1)种菇的选择　采集孢子首先要选好种菇即分离用的子实体。一般种菇要求是第一潮菇,出菇较早,单生,个体健壮,特征典型的子实体,经过仔细地观察筛选后在菇床上做个记号,让种菇充分生长,直至即将破膜时将菇采摘进行孢子弹射。

(2)孢子收集

钟罩法:种菇采收后可浸入0.1%升汞溶液中消毒约1 min,用镊子取出后经无菌水冲洗数次,再用无菌滤纸把表面水吸干,或直接用75%酒精棉球轻轻擦拭菌盖及菌柄进行表面消毒。随后用无菌刀切掉多余菌柄(留下1.5～2 cm即可)。把菇直立,菇柄朝下插入铝线制作的支持物上,放入事先准备好铺有无菌滤纸条的平皿上,盖上钟罩。这套孢子收集装置需事先进行高压灭菌消毒。把装好子实体的孢子弹射收集器放在温度为15～20℃的室内,经24～48 h,可见到无菌滤纸上有白色的香菇孢子印。在无菌操作下把收集到蘑菇孢子的滤纸条装入无菌的空试管中,并进行真空干燥,之后放入冰箱可长期保存备用。见图 5-1。

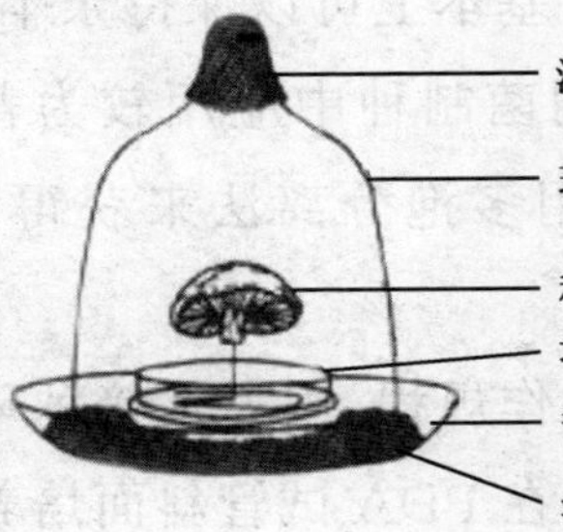

图 5-1　钟罩法收集孢子

贴附法:按无菌操作将成熟的菌褶取一小块,用溶化的琼脂培养基或阿拉伯胶、浆糊等贴附在配管斜面培养基正上方的试管壁上。经 6～12 h 的培养,待孢子落在斜面上,立即把孢子连同部分琼脂培养基移植到新的试管中培养即可。见图 5-2。

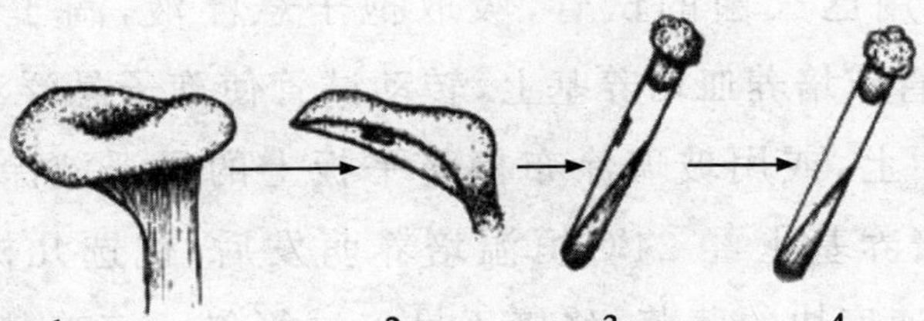

1.种菇　2.切取菌褶　3.贴附菌褶　4.取出菌褶保温培养

图 5-2　贴附法收集孢子

(3)孢子分离

①多孢分离法　即把多个孢子接种在同一培养基上,让

它们萌发共同生长交错在一起,从而获得纯种的一种方法,由于多个孢子间的种性互补,基本上可以保持亲本的稳定性,此法比较简易,在过去的食用菌制种中应用较为普遍。对于异宗结合的食用菌,大都采用多孢分离法来获得结实性菌种。具体方法有以下几种:

斜面划线法:按无菌操作规程,用无菌接种环从收到孢子的滤纸条上沾取少量孢子,在PDA试管斜面培养基上自下而上划线,划线时勿用力,以免划破培养基表面,接种完毕,抽出接种环灼烧试管口,塞上棉塞,放置24℃恒温培养箱中培养,待孢子萌发后(一般15～20 d),挑选萌发快,长势旺的菌落,转接于新试管培养基上再行培养。

涂布分离法:按无菌操作方法,取一小块具有孢子的滤纸条,放入装有无菌水的小三角瓶中,充分摇匀制成孢子悬浮液,然后用已灭菌的试管,吸取孢子悬浮液,滴1～2滴到PDA试管或培养皿培养基上,转动试管使孢子悬浮液均匀分布于斜面上,或用玻璃涂布棒将平板上的悬浮液涂布均匀。孢子在培养基上经24℃恒温培养萌发后,挑选几株发育匀称,生长速度快的菌落,移接于另一试管斜面培养基上,恒温培养即为母种。

②单孢分离法　就是将采集到的孢子群单个分开进行培养,让它单独萌发成菌丝而获得纯种的方法,单孢子分离的方法,按分离的手段可分为以下三种。

稀释分离法:这是通过不断稀释孢子悬浮液,使孢子分散，分散孢子各自萌发形成单孢菌落，其步骤如下：a. 制备无菌水试管，取 10 支三角瓶，其中 1 支装 50 mL 蒸馏水，其他 9 支装 45 mL 蒸馏水。经高压灭菌即成无菌水。b. 制孢子悬液：取一小块收集有孢子的滤纸条，浸入 50 mL 无菌水三角瓶中，摇振使孢子分散成悬液，用无菌 5 mL 移液管吸取 5 mL 孢子悬液于第 2 支三角瓶中，摇振使其分散，再从第 2 支三角瓶中吸取 5 mL 注入第 3 支三角瓶中，如此反复稀释直到孢子浓度达 300～500 个孢子/mL，备用。c. 制培养基平板：配制 PDA 培养基，装入三角瓶中进行高压灭菌，准备倒平板的培养皿也经过高压灭菌备用，待已灭菌的 PDA 冷却至 50～60℃时，在无菌操作下倒 15～20 mL PDA 至培养皿中，培养皿放平，使培养基表面光滑，厚度一致。d. 孢子涂布：在无菌操作下，吸取 0.1 mL 的孢子悬浮液滴在平板培养基表面上，使用 T 氏棒把孢子均匀涂布在平板上，盖上刺激菌丝培养皿，放置于 24～25℃恒温箱中培养。e. 挑选单孢子萌发菌落：一般孢子经过 5 d 的培养开始萌发长出菌丝，培养皿经过显微镜的镜检确定孢子萌发的菌落是由单个孢子萌发成长而成的，可使用打孔器进行打孔把该菌落移接至新鲜的 PDA 斜面试管中继续培养。打孔器的外径应小于显微镜的视野范围，而且打孔之前须检查该菌落周围是否有孢子或其他菌落，使打孔不会触及周边的孢子或菌落，确保纯种。见图 5-3。

毛细管分离法：孢子悬浮液经过稀释，使用毛细滴管把

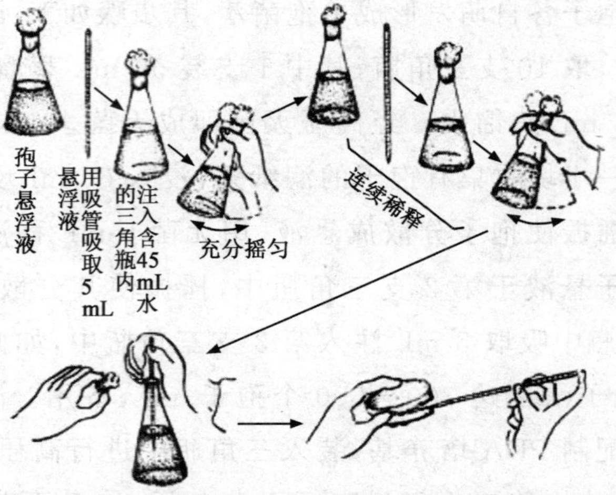

图 5-3　连续稀释法获得单孢子

孢子悬浮液滴一小滴于皿盖内，使每一滴只含有一个孢子，从而达到单孢子分离，其方法如下：a. 孢子悬浮液制备：同稀释分离法，孢子浓度控制在 200～300 个孢子/mL。b. 毛细滴管制备：取洁净的玻璃管在酒精喷灯上先拉成外径 1 mm 的细管，稍冷却后再加热并迅速拉长，使管尖内径约 200 μm，剪断即成毛细滴管，在滴管后端塞棉花，装入消毒盒中后进行灭菌备用。c. 点样镜检：用毛细滴管吸取经稀释的孢子悬浮液约 0.1 mL（可滴 30 滴），在无菌操作下，快速点于皿盖内壁的标记圈中央，滴液应小于低倍镜的视野，点样后的培养皿仍盖在有水琼脂的皿底上，贴胶布固定后再用低倍镜检查皿盖内壁的液滴，确定是单孢者，即在皿盖上标上记号。d. 培养基推贴及刺激培养：使用接种针取一小块 PDA 培养基（约 2 mm×2 mm 方块）推贴至标记为单孢子的液滴，使液滴中的孢子能够吸附到边缘。将事先培养好蘑菇气生菌丝的平板培养皿盖取下，套在菌丝平板的底部，再把已分离并推贴好的培养基的皿盖罩在套有菌丝平板的玻璃皿上，使两个皿盖对接，贴胶布封口（要留 0.5 cm 缝用作通气），这样就形成一个刺激单孢子萌发的培养室，置培养箱中 24℃下培养，待单孢子萌发，及时撕下胶布，用接种铲挑取已萌发的单孢菌丝贴块，移接到新鲜 PDA 斜面试管中，置 24℃恒温箱中培养，即可取得单孢纯种。

器械分离法：应用显微操作器，直接挑选单孢子，移至 PDA 平板中进行孢子刺激萌发培养获得单孢纯种。a. 孢子悬浮液制备：同稀释分离法，孢子浓度控制在 1 000 个/mL。b. 平板涂布：将稀释后的孢子悬浮液滴 0.1 mL 于平板上，用无菌的 T 氏棒进行均匀涂布，每个平板含孢子 100 个左右。c. 镜检分离：待涂布均匀的平板琼脂表面水分干燥后即可于显微镜下观察，当在视野中心见到孢子，而视野周围无其他孢子时，可用显微操作器操纵玻璃针把孢子从培养基表面挑取，随后把孢子转移至 PDA 平板的表面上，进行孢子萌发培养，孢子萌发培养须使用蘑菇气生菌丝刺激培养，才能提高萌发率，培养的具体操作方法与毛细管分离法相同。

单孢子菌落移接：当孢子经过 10 d 的刺激培养，肉眼可见到菌丝生长而成小菌落，应及时用打孢子器把该菌落分离，每天都应观察孢子萌发情况，如果不及时把菌落移接，该菌落会快速生长而影响较迟萌发的单孢子的分离。

2. 组织分离法

组织分离法是利用菇类组织块能再生成菌丝的特性获得纯种的一种简捷方法，是野外采集菌种和食用菌栽培中防止品性退化，保持优良品种特性常用的一种手段。此法适宜多数食用菌，是野外工作者和种菇专业户必须掌握的一种方法。香菇组织分离的步骤如下：

(1)种菇的选择　在优良品种出菇时选择单菇重量大、菌盖圆整、菌柄细短、菌肉厚实、颜色鲜、有鳞片且无病虫害的单菇，要求开伞度在 7～8 分正处在正常生长中的种菇。

(2)种菇的消毒　处理选好的种菇带入接种室内，剪去菇根，用消毒镊子夹住菌柄，并用 1％的升汞水或用 75％的医用酒精擦拭消毒 2～3 遍，然后将分离用工具用常规法消毒后移入无菌分离区。

(3)分离接种　分离种菇的组织块在无菌条件下，用酒精擦手消毒后，用手纵向将种菇掰开，迅速用接种刀在掰开菇的菌盖和菌柄的交界处菌肉上横划两刀，并在划口中间每隔 2 mm 竖划一刀，及时用镊子夹取组织块，迅速接入试管斜面培养基中间部位，并用镊子稍压一下，以保证组织块与培养基充分接触。

(4)培养　接种后将试管放在温度 23～25℃的培养箱中，经 2～3 d，可见组织块周围有灰白色放射状的菌丝，再过

1～2 d 菌丝开始蔓延到试管斜面上。12～15 d 菌丝可长满整个试管，选择菌丝洁白粗壮、整齐一致的平铺于斜面上的试管留作母种，其余淘汰。母种经低温复壮后就可以扩繁原种、栽培种及进行出菇试验。

(三)试管母种转接

接种前要检查供接种母种的纯度和生活力，检查菌种内或棉塞上有无霉菌斑和细菌菌落。在冰箱中保存的母种使用时要提前取出，活化 1～2 d 再用；若母种在冰箱中保藏的时间较长，超过 3 个月，最好转管培养一次再用，以提高菌种生活力，保证接种成功。

母种接种在超净工作台或接种箱内进行，首先消毒手和菌种试管外壁，再点燃酒精灯，用左手的大拇指和其他四指握住要转接的菌种和斜面培养基，在酒精灯附近拔掉棉塞，用酒精灯灼烧接种锄和试管口，冷却接种锄，取少量菌种(绿豆大小)，深度以稍带培养基为宜，然后将种块迅速放到待接试管斜面的中心位置，抽出接种锄后，再把试管口灼烧一下，棉塞过火后迅速塞好，贴好标签。整个过程要快速、准确、熟练。一般 1 支母种可以转接 30 支左右试管。见图 5-4。

(四)母种培养

将接种后的试管放入 25℃ 的培养箱或培养室进行恒温培养，根据菇种不同，一般需要 10～20 d 的培养，菌丝才能长

图 5-4　母种接种

满试管斜面。在培养过程中要随时检查，挑除有杂菌感染或有异常现象的试管，以保证母种的质量。

香菇母种菌丝均匀，有气生菌丝，但较少而短，也比较稀疏，菌丝白色（图 5-5）。老时形成有韧性的菌皮。在综合 PDA 培养基上，于 25℃下黑暗培养，一般两周左右长满斜面。另外，不同品种菌丝的稀密程度也不相同。

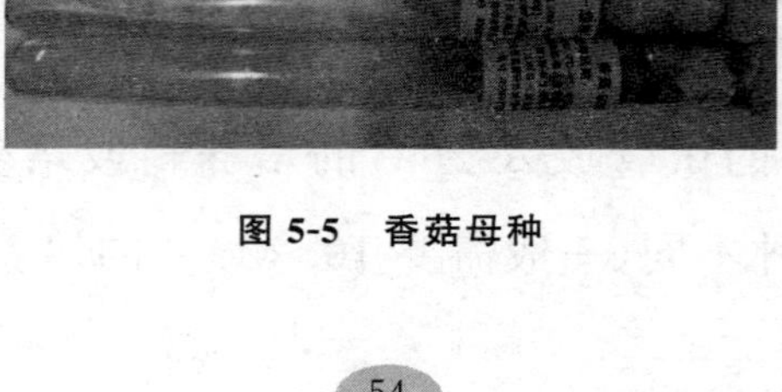

图 5-5　香菇母种

四、原种、栽培种制作方法

(一)常用培养基

1. 木屑种

(1)阔叶树木屑 78%,麸皮 20%,糖 1%,石膏 1%,含水量 60%。

(2)阔叶树木屑 63%,棉籽壳 15%,麸皮 20%,糖 1%,石膏 1%,含水量 60%。

(3)阔叶树木屑 63%,玉米芯 15%,麸皮 20%,糖 1%,石膏 1%,含水量 60%。

2. 谷粒种

麦粒或玉米粒,配方为谷粒 50 kg 加石膏 0.5 kg。先将谷粒用清水洗净,浸泡 12 h 左右,使其充分吸水。谷粒泡好后放入锅内煮,以熟而不烂为度,捞出控水后,把石膏粉与谷粒拌匀。这种培养基适用于做原种培养基。

(二)原种、栽培种接种

接种前必须使料温降至 30℃左右,防止高温烫伤菌种。有冷却室的在冷却室冷却,没有冷却室的可直接在接种室或接种帐内冷却。接种前,首先把接种室(箱)打扫干净,喷 2%来苏儿或新洁尔灭净化空气,再把已灭菌的菌种及用具全部搬进去,然后按常规对接种室(箱)进行严格消毒。接种需严格按照无菌操作进行。见图 5-6。

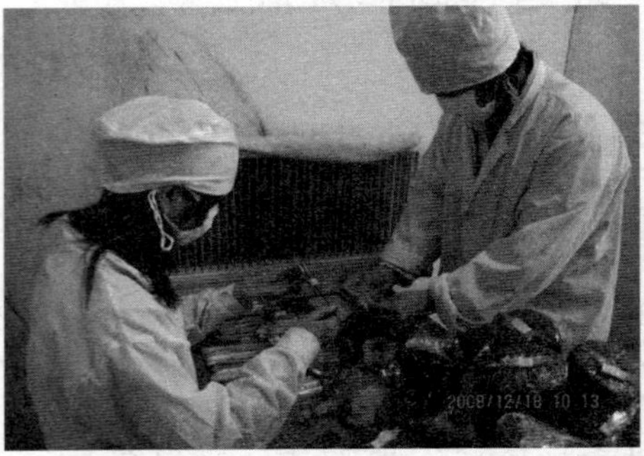

图 5-6　原种、栽培种接种

1. 母种接原种方法

斜面母种接瓶装原种培养基时，一般可按母种转管的要求操作，只是接种工具可根据不同接种内容而适当更换。接种者手持母种试管，用酒精棉球将试管擦 2 次，然后拔开棉塞，试管口对准酒精灯火焰上方，用火焰烧一下管口，把烧过的接种锄迅速插入种管内贴玻壁冷却，将斜面前端 1 cm 长的菌丝块挖去，剩余的斜面分成 3～4 段，将每段连同培养基一同挑出。另一个人在酒精灯火焰上方，在接种者取好菌种块的同时拔开原种瓶棉塞(塑料纸盖)，接种者将菌种块取出，快速接入原种瓶的接种穴内，棉塞过火焰后塞好。1 支母种转接原种不超过 6 瓶，接种块大于 12 mm×15 mm。每接完一支试管，接种锄要重新消毒，防止交叉感染。接完种后，立即将台面收拾干净，将各种残物如试管、洒落的培养基、消毒用过的棉球等均清出室外，照前述方法进行第二轮接种。

2. 原种接栽培种方法

栽培种的接种和原种有一点不同，即原种接种用的是试管母种，而栽培种接种用的是原种。以瓶装原种接袋装栽培种为例，在酒精灯火焰上方拔出原种瓶棉塞，将菌种瓶置于菌种瓶架上或2人配合接种，在酒精灯火焰上封口；用接种铲刮去瓶内菌种表面的老菌皮，再将菌种挖松并稍加搅拌，注意菌种应挖成花生米大小，不宜过碎，然后接种。若棉塞较大，不能全部拿在手里，可将菌种瓶塞放在经过高温灭菌的培养皿中，只将待接种瓶塞握在手里，也可和菌种瓶塞放在一起。一瓶原种转接栽培种30～50袋。

（三）原种、栽培种培养

将接种后的原种、栽培种搬入培养室，保持温度在25℃左右，空气湿度55%～65%。一般3～5 d菌丝即可吃料，7～10 d菌丝即可封面。待菌丝封面后，加强通风换气，保持室内空气新鲜，一般培养25～35 d菌丝即可长满。图5-7为长满菌丝的香菇栽培种。

五、制种常见的问题及对策

1. 菌种成活率低

菌种过于老化或菌龄不足。解决的办法是：选用适龄优质原种，注意观察原种菌丝走势，了解选用菌种的生产日期及

图 5-7　香菇栽培种

配方等，配制培养基时要精确把握含水量，不可急于装瓶装袋，装瓶装袋过程中也要经常测量培养基的水分，防止培养基水分不足或过量，从而造成“干袋”和“水袋”现象。

2. 发菌速度缓慢

发菌期温度过高、培养基湿度过高、装袋过紧、原种质量差都可能导致发菌速度缓慢。香菇菌种制作一般于 5～7 月，发菌期处于高温季节，如遇连续高温 30℃以上，香菇菌种发菌速度明显减慢甚至停滞，这时需要采用空调或其他方法降温以促进香菇菌丝的正常生长；装瓶装袋时要注意松紧适宜，装得过紧影响培养基的透气能力，造成缺氧而发菌缓慢；选用母种（原种）时要确保菌种质量。

3. 制袋接种成活率低

香菇菌种接种成活率及发菌速度正常，但在使用后，制袋成活率低。可能的原因有：香菇菌种老化或菌龄不足、菌种培养料配方不合理、菌种装瓶或装袋过松、制袋过松、人为操作失误。解决的办法:及时使用已成熟菌种,制作菌种时应选用适合的培养料,精确称量各配方重量,装瓶或装袋不可过松,菌种过松在制袋接种时可造成菌种散碎,严重影响制袋时的接种成活率,制作栽培袋时不可过于松散,栽培袋过松影响接种的成活率,人为接种不熟练也影响菌种的成活率。总之,香菇菌种的制作过程,只有对配料、装瓶、灭菌、接种、发菌管理等环节正确把握,对含水量、装料松紧度、发菌温度等需要精确把握,才能生产出优质的香菇菌种,为生产制袋打好基础。

第六章　香菇菌棒制作技术

香菇栽培方式因品系、地区、气候、生产规模、设备条件等不同，其生产季节安排也有所不同，在常年栽培中，以秋、冬季菇的质量最优，选用最佳栽培季节，关系到香菇产量、质量及品种在市场上的价值。

一、香菇菌棒栽培流程

香菇菌棒的栽培流程包括主料、辅料等原材料的准备，培养料的配制，灭菌，接种，菌棒的发菌，出菇管理及采收等。

二、香菇菌棒制作期安排

本地菌棒制作可按三个茬口安排生产。春夏茬选择高温型菌株，如 L18、武香 1 号。春节前后制棒，6～10 月出菇；早秋茬选择中温型或中低温型品种，如 160、808，3～4 月制棒，8 月底至翌年 4 月出菇；秋冬茬选择中低温型或低温型品种，如 808、938，7～8 月制棒，11 月至翌年 5 月出菇。通过茬口合理安排，可实现周年生产。

三、香菇菌棒制作技术

(一)塑料袋选择

要选择用耐高压的聚乙烯、低压聚乙烯或耐热聚丙烯等薄膜，高压聚乙烯塑料袋，只能用于常压灭菌，低压聚乙烯或耐热聚丙烯塑料袋，可用于高压高温灭菌。塑料袋的规格：一般为 15 cm×55 cm，一端封口，另一端开口，可购塑料筒料，自己裁剪。

(二)拌料

要求配方中各种成分比例正确，称量准确，先将木屑、麸皮和石灰拌均匀，再将糖化水均匀装入料中，补足水分至55％～60％(一般雨季料含水量 55％，干季料含水量 60％)。用人工拌料需来回拌和 3 次，用拌料机拌料需搅拌 5 min，拌料工序完成后，要马上装袋。

(三)装袋和套袋

装填菌棒有两种方式：一是用人工装填，效率较低；二是用机器装填，效率较高(图 6-1)。每棒装干料 900～1 000 g，长38～40 cm(图 6-2)。装袋松紧要适度，装得太松易胀袋，装好后扎口要紧，要扎结，但不扎死结，然后套袋。

图 6-1　香菇装袋

图 6-2　装好的香菇袋

(四)灭菌

进行批量生产,可采用常压灭菌柜灭菌,先将菌棒装入菌棒车(图 6-3),再将菌棒车推入灭菌柜(图 6-4),关上两端柜门,适量开启柜顶及两侧排气阀,再开进气阀,最后开锅炉气阀,促使柜内冷空气排出,从进气至柜内温度达 100℃后,维持 10 h,调节柜两侧排气阀,待排气出口出雾消失时,再打开柜门，拉出菌棒车，送入冷却间。

图 6-3　灭菌前装入菌棒车

图 6-4　灭菌柜

（五）接种

当菌棒冷却至室温后，就可接种，接种前要做好三件事：一是接种室清洁消毒后，再将菌棒推入接种室，并关好所有门窗；二是每立方米用高锰酸钾 5 g，甲醛溶液 10 mL 熏蒸，协同紫外线灭菌(注意熏蒸时菌种不要放入),待接种室药性基本消失,对人体无强刺激作用后,马上进行接种,做到边打穴边接种,边脱袋、边套袋,套好袋就扎好口,每瓶菌种可接 20 棒左右。接种完毕的菌棒见图 6-5。

图 6-5　接好的菌棒

(六)发菌管理

(1)先对发菌室进行 2 次轮换清洁消毒,第一次用 3%～5%的来苏儿液喷洒地面、墙壁,第二次用高锰酸钾与甲醛熏蒸消毒,完成后,在地面上撒一层石灰。

(2)将接种的菌棒搬入大棚内或发菌室排场发菌,以井字形排成叠,可叠架 8～10 层(气温高时 5～6 层),堆间隔离 20 cm,每两排设一条 60 cm 的人行道,以便操作管理和通风散热,菌棒堆好后,7 d 内不要搬动,保持空气干燥(相对湿度 70%),严防杂菌污染。见图 6-6。

(3)进行翻堆,就是改变原来的堆形,上下调换位置,改井

图 6-6　井字形堆发菌

字堆为三角形堆(图 6-7),边翻堆边检查杂菌,使菌棒的各个方面受光受热一致,始终保持室温在 25℃以下,不能超过 28℃,正常情况下,20 d 左右菌丝稀疏,说明棒内缺少氧气。这时可将外套袋口解开,以增加氧气。

图 6-7　三角形堆发菌

(4)促进菌丝隆起,发菌 35～40 d,菌丝长满菌棒,应及时给菌棒增加光照,保持各方位受光一致,培养 47 d 左右有

60%菌棒面隆起，培养78 d左右，菌棒面菌丝可全部隆起。见图6-8。

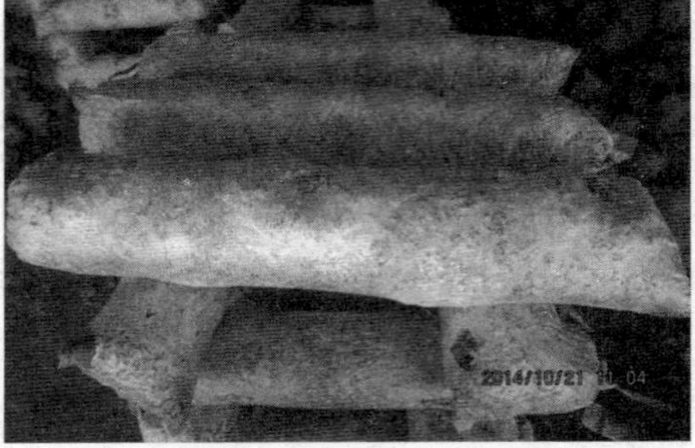

图6-8 菌棒起瘤状物

（七）转色管理

转色是指使菌棒表面洁白绒毛状的菌丝倒伏形成一层薄薄的菌膜，分泌色素，吐出黄水珠，菌棒开始由白色转为粉红色，通过人工管理，逐渐转成棕色，也就是“人造树皮”的过程。转色在适宜的环境条件下通常需12 d左右，再经3～4 d温差刺激后，便萌发菇蕾。转色是营养生长向生殖生长过渡的标志，在适宜的温、湿、光、气条件下，达到生理成熟的菌丝经过15～20 d可形成薄厚均匀的棕色菌膜，出菇整齐，菇盖厚，朵形好，分布均匀。若转色快，菌膜薄，色浅为黄褐色或灰白色，出菇快、密集、朵小、盖薄、柄长产量低，品质差；若转色慢，菌膜厚，色深为铁锈色或深褐色，出菇难、朵数少、产量低，甚至不出菇。菌棒的转色管理，按菌种特性有所不同，甚至差别很大。早熟菌株和武香1号、L18等，一般是在接种后50～70 d，中熟菌株如L26、939等在80～100 d，晚熟种如168、808等则在120 d左右，甚至超过150 d以上，个别的越夏菌株需要180～200 d才进入转色期，具体可根据其生物特性说明或出菇试验来掌握转色时间。

由于栽培的时间及模式不同，转色管理可分为两种方式，即脱袋转色和袋内转色。因为现在的生产大多是以取得优质厚菇为目的，故多采取袋内转色方式。

1. 袋内转色

(1)打孔增氧　菌丝发满后，基料内长满菌丝体，其代谢量大为增加，通过打孔达到增加其内部氧气、排除废气、提高代谢和散失部分水分的目的，为转色管理的第一步。每棒用小钉刺孔100个左右，孔深0.5 cm。打孔增氧时机可根据菌棒瘤状物的生长情况来判定，一般菌棒周身瘤状物生长均匀后再进行通氧为宜。

(2)促膜离壁　通过打孔、搬动等，促使塑膜与基料分离。对发菌时间短的早熟菌株，因自然离壁有困难，可在打孔时顺便挑起塑膜，以利该处生出气生菌丝。

(3)码垛通风　根据气温的高低，采取三角形或井字形码垛，将菌棒码高4～8层不等，既可充分利用空间，又不使菌棒过分拥挤，并且码起的袋垛中间有“自然拔风”，有利于袋间和膜内的通气。

(4)调控温度　根据季节的不同，适当人为调控垛内温度，使之保持在15～25℃，低温季节最低温度也可调控在10℃左右。当垛内温度达到25℃时，即应揭去覆盖物，倒垛散热，原则是“可低温延长转色时间，也不允许高温烧菌”。

(5)通风压菌　在较合适的条件下，料表会很快长出一层细密的气生菌丝，并开始分泌色素，出现浅酱油色的水珠，为转色的重要信号。此时，可采取两种措施。一是使用地下水直接喷淋，既为菌棒降温，又可冲洗掉部分色素水珠，与此同时应加强通风，一般掌握喷水后2 h料表不粘手即可；二是倒垛，同时加强通风。

(6)加大温差　实践证明，一定条件下，在尽量降温的基础上加大昼夜温差，是促进转色的主要措施之一。

(7)干湿交替　该措施可通过喷淋冷水和加强通风等手段实现。喷淋冷水一方面给菌棒以较大的温差刺激，促使其快速形成菌膜；另一方面可提高其湿度，通过加强通风等措施，即可达到干湿交替的目的。

(8)光照刺激　适当的光照刺激是促进菌棒转色的重要因素。一般情况下，可调控光照强度在1 000 lx左右，即比较明亮的光线；并且通过倒垛或转换光线来源，使菌棒受到均匀的光照，达到转色一致、整齐均匀的目的。

正常条件下，一般经15 d左右，菌棒即可完成转色，其感观标准为：料表呈棕色至棕褐色，“色花斑”约占菌棒总面积的10%以下；菌膜厚度适中；菌棒富有弹性，敲击有干木棒的声响；重量较转色前减轻20%左右，如袋装干料1.1 kg的菌棒，完成发菌时约重 2.2 kg，正常转色后应为 1.8 kg 左右。见图 6-9（彩图 6-9）。图 6-10（彩图 6-10）为转色过度的菌棒。

图 6-9　正常转色的菌棒

图 6-10　转色过度的菌棒

2. 脱袋转色

脱袋转色适合在保湿、控温条件好的设施环境下进行。当菌丝出现黄水时，脱去塑料袋，进行转色管理。转色管理要点如下：

(1)控温　菌棒刚脱袋的4 d内要用塑料膜盖严，保持湿度，让菌丝康复生长，产生气生菌丝。膜内温度控制在23～24℃，相对湿度85%为好。5 d降温到18～22℃。当菌棒表面长满白色气生菌丝时，要揭开塑料膜通风，每天一次20～30 min。若气温超过25℃，每天早晚揭膜通风，降温增氧。

(2)保湿　开袋7～8 d后，菌棒分泌出黄水珠，此时应结合揭膜通风，连续两天喷水。第一天用微喷喷少量水，把黄水珠冲散，再罩好膜。第二天加大喷水量，把黄水冲洗掉，不盖薄膜，如果水量仍少，菌棒表面干燥，可连续喷水1～2 d，迫使其尽快转色。

(3)温差刺激　变温刺激有利于转色。具体做法：白天把菌棒上的薄膜罩严，根据天气情况不通风或少通风，使床内温度升高2～3℃。夜间气温下降时，揭开薄膜。保持日夜温差达到10℃以上，连续进行3～4 d温差刺激。此时，菌棒表面若出现不规则的白色裂纹，继而会形成原基，并分化成菇蕾。

(4)干湿差刺激　干湿交替的刺激有利转色。喷水后，加大通风，促进空气流通，使菌棒处于干湿交替的环境中。但要注意防止通风过量，使菌棒过分失水。

(5)光照刺激　脱袋后在“三分阳、七分阴”棚内，有利于转色和诱导原基的分化。

(八)杂菌感染与处理

高温期间菌棒感染杂菌有如下几个方面：

(1)菌棒接种后的1周内发现菌棒有花点霉菌,证明培养料灭菌不彻底,必须脱袋补充1/3新料重新灭菌。

(2)菌棒筒袋发现破损或针眼洞感染青霉(如菌棒接种有5孔,有4～5孔无感染)可继续培养观察,若2～3孔不好应及时剖袋重新返工制作。

(3)接种孔感染杂毛,黄、根霉1～2孔时,如菌丝萌发良好可保留,待香菇菌丝从生理条件成熟时最终会覆盖杂霉菌,也能正常出菇。

(4)发现有链孢霉时应及时采用湿纸或滴有柴油的湿布包住霉菌,拿出培养室到阴凉处深埋即可。

第七章　香菇地栽生产技术

一、品种选择

选择中偏高温型短菌龄(60～90 d)的菌株，如 L18、L26、武香 1 号、931 等。

L18：中高温品种，菌龄 60 d 以上。早春 1～3 月制棒，5～9 月出菇。夏季地栽香菇主栽品种。产量较高，菇型较好，气温高时菌柄较长。

L26：广温品种，菌龄 65 d 以上。耐高温性比 L18 略差，早春 1～3 月制棒，5～9 月出菇；或 7～8 月制棒，冬春季出菇。出菇较快，产量较高，夏季出菇菇质较好。

武香 1 号：高温品种，菌龄 60 d 以上。早春 1～3 月制棒，6～10 月出菇，产量高、质量好、性状稳定、适宜高温季节栽培，但子实体发生量多，生长快，肉质薄、菇柄长、易开伞。

931：高温品种，菌龄 60～75 d，温度低时 90 d 以上。肉厚柄稍粗长，耐高温，产量较高，抗杂能力较强。温度高时出菇的子实体中等，温度低时菇形大。

二、栽培季节

在北京地区，一般1～3月制棒，5～6月出菇，10月中下旬完成生产。由于制棒时间在冬季和早春，气温较低，发菌慢，生产时间宁早勿晚。

三、栽培设施及模式

栽培设施可利用温室、林地拱棚、塑料大棚等，采用覆土地栽或立棒栽培模式。覆土地栽适宜高温季节栽培，又不受场地限制，是近几年发展和推广的一种较好的高温季节生产模式，以下就主要介绍地栽香菇的关键生产技术。地栽时，菇棚内挖4排宽90 cm、深20 cm的畦床，畦床稍高些，防止存水，床间留50 cm的操作道，土质以偏沙性为宜。棚外用一层遮阳率90%的遮阳网覆盖，棚与棚之间在距棚顶部20～30 cm处水平悬挂一层遮阳网。

四、菌棒制作

北京地区最常用配方为木屑78%，麸皮20%，糖1%，石膏1%。装袋用折径为15 cm×(55～60) cm的常压聚乙烯塑料袋，装料松紧适度，外表光滑；扎紧袋口，确保扎好的菌棒不开口、不漏气；入灶前要仔细查找砂眼，用透明胶带粘贴。灭菌时旺火升温，使锅内冷水尽快沸腾，以杀死某些耐高温杂菌，水沸腾后热量从锅顶及四壁逐渐向中、下部料袋传递，大约要 4 h 才能透入料袋中心。因此，灭菌锅水温达到 100℃后，需保持 12～24 h 才能保证灭菌效果。

菌棒出锅后温度自然冷却至 28℃以下时方可接种，接种要搞好环境及个人卫生，用消毒盒熏蒸接种帐(图 7-1)3 h 后掀开一角放味，40 min 后工作人员方可进帐进行接种。一般采用打穴接种法，7 人一组，1 人打穴，3 人塞种，2 人码垛，1 人供种(图 7-2)。春季制棒，由于气温偏低，接种后可不用套外袋，直接整垛覆膜(图 7-3)。

图 7-1　接种帐熏蒸消毒

图 7-2　地栽香菇接种

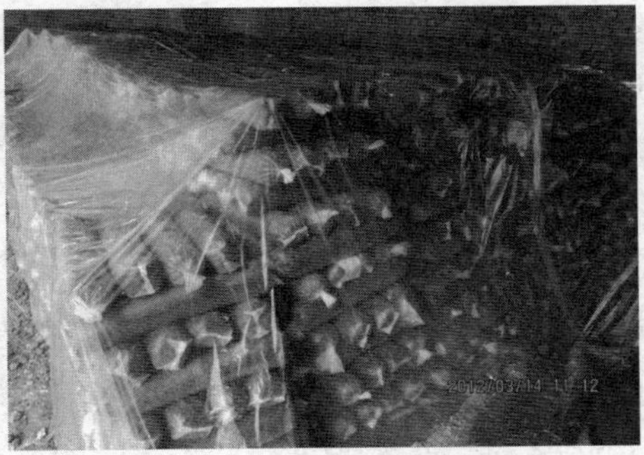

图 7-3　地栽香菇菌棒发菌

五、发菌管理

接种后的菌袋堆放方式可根据气温和发菌情况而定。室(棚)内温度低于 20℃时，为提高堆温，可将菌棒垛式码放，垛高不超过 15 层。菌丝吃料定植后，随着温度升高，结合通氧，翻堆摆成“♯”字或“△”形，排与排间留有通道，利于空气流通。

六、排场脱袋

菌棒入棚前，棚内地面和选用的覆土曝晒 2～3 d，然后再用石灰撒施畦面。菌丝发满菌袋后在菌袋内菌丝体出现有褶皱和隆起的瘤状物且逐渐增加，菌袋接种点附近半径 5 cm 内长满瘤状物后，但菌袋未转色时或将近 1/3 转色时即可进行地栽。选择晴朗的天气，将菌棒脱袋排列在畦内，用准备好的沙泥土填满菌袋间的缝隙，使菌棒露出 1/4 左右，然后浇透水。露出菌棒过多的地方，要再加些土，不可让菌棒在外面露得过多，此外要避免底部和四周留有空隙，以保障定向出菇。

七、转色管理

菌袋转色要在下地栽培后进行，形成有弹性松软感的原基，末端稍有褐色，这表明菌丝已达到生理成熟，逐渐变成褐色的菌皮，这时应控制室内温度 25～28℃，空气相对湿度 80%～95%，适当通风，给予温差刺激，利于菌袋转色。具体方法参照第六章脱袋转色相关内容。

八、出菇管理

1. 催蕾

菌棒由白色转成褐色时，可进行出菇管理。首先要喷 2 d 水，喷水时要使用微喷或雾喷设施，且保持间断性，菌坑内有存水即可，晚上停水一宿；第二天早晨气温低于 12℃ 时用新的泡沫鞋底或橡胶棒进行振袋，中午时可进行喷水正常管理，喷水时要以保持菌袋湿润有弹性即可。菇棚内温度控制在 10～25℃，拉开 10℃ 以上的昼夜温差，保持棚内空气新鲜有充足的氧气，调节空气相对湿度达到 80%～90%。

2. 幼菇期

当菇蕾长至 0.5～1 cm 时，要每袋留 8～10 朵菇形好、距离均匀、大小一致的菇蕾。保持棚内温度 10～25℃，调节空气相对湿度 80%～90%，并根据天气情况适当通风，不可大量通风，以免造成菇蕾被风吹死。

九、采收

高温季节子实体生长速度快，待菌盖直径长至 5～8 cm 菌膜刚开时要注意及时采收。出菇盛期的地栽香菇见图 7-4。出菇盛期可每天早晚各采一次。采收时随时把菇柄残留物清除。

图 7-4　地栽香菇出菇

十、转潮管理

每采收一潮菇后要进行养菌，使采过菇的菌穴里菌丝变白或稍有转色，积累养分，以利于下一潮菇生长。提高棚温到 20～25℃，相对湿度 75%～85%，养菌 3～5 d 后上大水，振棒出菇，但上水量及振棒不宜过猛，以免出现爆出现象。北京地区 8 月中旬以后昼夜温差变大，可不再进行振棒刺激，而利用自然温差刺激出菇。

第八章　香菇立架式栽培技术

香菇立架栽培技术是指将香菇菌棒斜靠在距地面 20 cm 的支架上，充分利用地面温度、湿度条件和一定空间进行出菇的栽培技术。香菇立架栽培可以在温室中进行，也可以在冷棚内进行。

一、香菇立架栽培的优点

香菇立架栽培介于地栽和层架栽培之间，可以充分利用地面夏季温度低，冬季温度稳定的优势，及湿度大的优点，出菇容易管理。此外，立架栽培在一定程度上提高空间利用率，例如菌棒斜靠在铁丝上，棒与棒之间相隔 10 cm 左右，每平方米可放置 20 棒，每亩地可摆放 12 000 棒。

二、立架搭建

顺菇棚长度，在棚内顺行平拉若干道铁丝，铁丝距地面 30 cm、间距 20 cm。使用木桩、竹片支撑。规格是使铁丝距地面高 25～30 cm，每 20 cm 用 14 号铁丝纵向拉紧，竹片上架铁丝，作为菌棒斜靠的架子。见图 8-1。

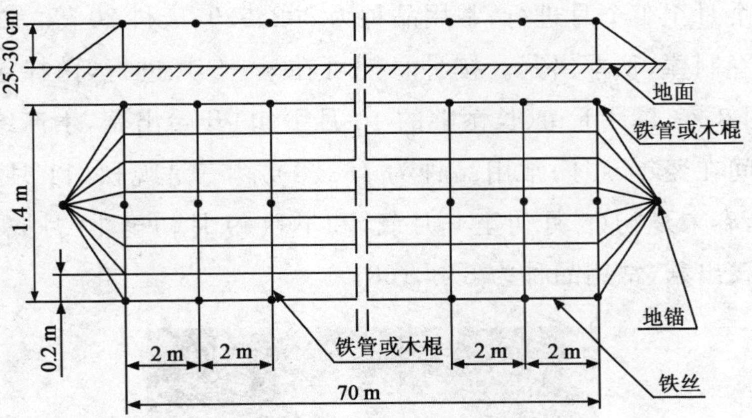

图 8-1　香菇出菇架搭建示意图(刘瑞梅提供)

三、栽培管理

香菇立架栽培可以在温室中进行,也可以在冷棚内进行。下面以温室为例加以介绍。

(一)栽培季节

结合北京地区的气候特点,中低温香菇生产可以安排三个茬口:一是夏季制棒,秋、冬、春三季出菇,由于出菇时间长而集中,而且秋冬菇的菇质较好,因此这是目前生产的主要茬口。秋季出菇始期在 10 月中旬左右,出菇棒接种时间在 7 月中旬为宜,翌年 4 月下旬至 5 月中旬完成生产。但由于夏季制棒发菌期正好处在气温高、湿度大的季节,为了保证菌棒成品率,往往以牺牲一段适宜出菇时间为代价,将接种时间推迟半个月至1个月进行，常用品种为808、939、庆科20等。二是晚春制棒，秋季出菇。接种日期可在4～5月进行，菌棒越夏(图8-2)，8月下旬(长菌龄的10月下旬)开始出菇，生产结束时间在翌年5月，常用品种为168、808。三是晚秋(11月)制棒，春末夏初(5月初至6月底)和早秋(9月初至10月底)两段式出菇，常用品种为808、168。

图8-2　香菇菌棒越夏管理(喷水)

(二)菌棒入棚

菌棒基本发满时，即菌丝两端差3 cm发满，要及时将菌棒运入棚内。将香菇菌棒交叉斜靠于床架的铁丝上，菌棒与地面的夹角以不大于15°为宜，菌棒之间10 cm。见图8-3。

(三)转色管理

香菇发满后，采用微孔通气，促进转色。转色方法参照第六章袋内转色的相关内容。

图 8-3　菌棒入棚

(四)开袋

当菌棒转色 4/5 以上,就可脱袋出菇。脱袋时机的选择可以根据经验,用注水针自上而下刺进菌棒,能轻松刺入表明菌棒已转色完全,可以开袋,若需要用力才能刺入则表明菌棒内部菌丝还未完全成熟,需要再继续培养(图 8-4)。脱袋时可先少量注水,以刺激出菇,然后用小刀小心划破塑料袋,取出菌棒(图 8-5)。将脱袋的香菇菌棒仍然交叉斜靠于床架的铁丝上,菌棒与地面的夹角以不大于 15°为宜,菌棒之间 10 cm(图 8-6)。

(五)出菇管理

生理成熟的菌棒,在适宜的外界环境刺激下,形成原基,然后分化成菇蕾。从菇蕾到子实体,一般只需 3～4 d,气温低时需 6～7 d,这时期称为出菇期。出菇阶段管理要把握好温、湿、气、光"四要素"。

图 8-4 菌棒脱袋时机判断

图 8-5 菌棒脱袋

图 8-6 脱袋后的菌棒

1. 出菇管理的阶段划分

在整个出菇期中可出 4～5 潮菇。每潮菇都要经过催蕾，子实体生长发育，采收和养菌四个阶段。从催蕾到采收大约需要 15 d 的时间，养菌大约要经过 10 d 的时间。

2. 出菇期的环境因子调控

出菇阶段环境因子调控也是按照温、湿、气、光“四要素”进行的。

(1)温度　香菇属变温结实性菇类，催蕾要求有 5～10℃的温差。子实体发育温度范围 5～25℃，但以 15～20℃最佳。气温低于 5℃时，子实体无法形成，5～15℃生长缓慢，菇肉厚，品质较优，但产量少；25℃左右发育快，肉薄、易开伞，菌盖色浅，质量差。若温度过高时，原基形成后也难以分化成菇蕾。

(2)湿度　香菇出菇期以保湿为主。空气相对湿度保持在 85％～90％有利于子实体生长、发育。但催蕾期需要干湿差刺激。整个出菇期通过喷水、注水保持菌棒内含水量和空间相对湿度。

(3)空气　香菇为好氧性真菌。菇蕾形成需要一定浓度的气体因素诱导。催蕾时适当减少通气，利于菇蕾形成。出菇期注意通风换气，保持空气新鲜，防止形成长柄菇。

(4)光照　光照是香菇生长发育不可或缺的因子。光照还会影响空间相对湿度。因此，秋季菇棚内光照以“三阳七阴”，春季以“四阳六阴”，夏季以“二阳八阴”或“一阳九阴”为好。

3. 出菇期管理措施

各地区和不同年份均有着差别，所以依据香菇的生理特性灵活掌握，科学地进行管理。

（1）春夏季管理　春季雨水少，空气干燥，夏季日照时间长，高温高湿。

①温度管理　气温高于20℃以上时，管理上主要以降温为主，可采取加厚阴棚覆盖物，棚内喷水。若气温高于25℃闷热天气，棚膜四周全揭开，使空气流畅，使用双层遮阳网遮阴。同时，白天应增加喷水次数，视气温情况向棚四周喷水降温增湿。

②湿度管理　出菇期空气湿度以90%左右为宜。通常薄膜内呈一层雾状并有水珠说明湿度适宜。

③通风管理　出菇期应加强通风，一方面降温，另一方面降低湿度，避免过湿造成霉菌侵害。

④适时采收　每天分两到三次采收香菇。一旦菌盖已伸展，形成“铜锣”边时立即采收。每采完一批菇后，要清理残留的菇蕾及杂菌污染处。

⑤停水养菌　每采完一潮菇后，要通风8～12 h，让菌棒表面稍干，3～5 d再进行喷水保湿管理。当采下的菇脚的凹陷处长出了白色菌丝，说明菌丝已恢复了，此时可催蕾出菇。

（2）秋季管理　9月气温逐渐降低，空气温湿度变化较大。当夜间温度低于 20℃时，放下塑料膜，以利保温、增湿。随时掌握天气变化，多风、干燥时增加喷水次数，保证空气相对湿度 80%以上以利于出菇。

(3)冬季管理　冬季气温低，风多，气候干燥。此时主要是增温、保湿。一般紧闭棚膜和风口，棚内挂置黑色二道幕，白天打开棉被或草帘，利用阳光增温。夜间，放下棉被或草帘保温，使温度不低于 5℃。午后，温度高时，适当打开风口，通风换气。使用微喷为菌棒补水，增加空气相对湿度。每潮菇催蕾前，使用注水针补水出菇。

第九章　香菇林地栽培技术

一、香菇林地栽培的优点

香菇林地栽培近几年之所以得以快速发展，是由于具备以下优点：

一是林地资源丰富，可大面积规模化种植。发展食用菌不与人争粮，不与粮争地，可以缓解农林争地的矛盾。二是林地枝繁叶茂，树冠遮阴，可减少设施投资成本。三是林间氧气含量充足，比林外温度低、温差大、空气湿度大，适合食用菌生长，生长条件来源于自然，无须人工创造气候条件，管理粗放，省工省力。四是林地空气清新，没有污染，可以生产无公害食品，生产的食用菌品质好，菇味浓，营养丰富。五是食用菌生产用过的废料可以用作燃料，也可直接为林木生长提供有机肥，既可以促进树木生长，也减少了废料处理，符合生态农业的要求。典型的香菇林地栽培模式见图 9-1。

图 9-1　林地香菇

二、香菇林地栽培的注意事项

(一)选择合适的林分

选择地势平坦、交通便利、有水源，4～5 年生，郁闭度在 0.7～0.8 的人工速生林地(树势偏弱的林地可适当增加遮阳网等辅助措施，以改善遮阴度)。不同密度的林地，如树木行列距 4 m×5 m，3 m×6 m，4 m×4 m，发展食用菌效果有所不同。树木行间距以 3～6 m 为宜。3 m×6 m 的林分行间可以搭建一个小拱棚。由于光照较强，需要加遮阳网。

(二)选择合适的栽培季节

香菇林地栽培分为夏秋茬和秋冬春茬两个茬口。

夏秋茬一般选择在 1 月制棒，1～3 月发菌，此时正值气候寒冷干燥，空气较洁净，杂菌少，成功率高。4 月菌棒进林地，刺孔增氧、转色，6～11 月出菇。

秋冬春茬一般也选择在1月制棒，1～3月发菌，以提高制棒成功率高。4月菌棒进林地，刺孔增氧、转色，6～8月越夏，9月开袋出菇，出菇期持续到11月。12月至翌年3月休眠。翌年3～5月继续出菇。

（三）搭建出菇冷棚

在林下树木行间搭建简易的冷棚，冷棚规格以林地实际情况而定，常见的拱棚为宽3.6 m，脊高2.5 m，长100 m。建造时先用镀锌钢管搭建棚架，每隔2 m插一个8 m长拱形钢管支架，脊上使用钢管串联焊接牢固。棚两端设置出入口。棚两侧安装卷帘器，用于收卷塑料膜，通风换气。棚两侧设置地锚，用于固定棚膜和遮阳网。棚架建造好后，上覆8 m宽薄膜，遮阴度不够的还要加盖一层8 m宽，70%遮阴度的遮阳网。每棚占地360 m^2，造价8 000元左右，可放入菌棒7 000个。

（四）设施安装配套

1. 林下冷棚辅助设施安装

林下冷棚辅助设施主要是指适合林间香菇发展的，经改良设计的配套供水系统，包含以下三个部分：

（1）供水系统　每200亩地配套一眼120 m深的井，要修建井房、安装深水泵和过滤装置、变频柜。

（2）管道系统　含主管道、分流阀门、细管道（拱棚内）和控制阀门等。

(3)微喷系统　采用轻雾六件套，每 1.2 m 安装 1 只微喷。见图 9-2 和图 9-3。

图 9-2　林地微喷系统

图 9-3　喷头

若夏秋茬栽培香菇，温度太高，可在高温期去掉棚膜，使用两层遮阳网，在棚外顶部脊部安装一趟微喷系统，用于喷水降温。

2. 出菇设施安装

若地栽香菇，不需要出菇设施，可在棚内中间留 50 cm

的土埂，两边做畦用于栽培。若立式栽培香菇，棚中留50 cm的走道，顺棚长拉10条铁丝架，按3、4、3条一组分别排列。使用木桩、竹片支撑。规格是使铁丝距地面高25～30 cm，每20 cm用14号铁丝纵向拉紧，竹片上架铁丝。上架时将菌棒斜靠在铁丝上，注意摆放均匀，棒与棒之间相隔10 cm左右，每平方米放置20棒为宜，每亩地可摆放10 000棒左右。

(五)栽培管理

1. 菌棒入棚

菌棒接种后大约经过40～50 d发菌至基本满袋(两端差3～5 cm)要及时将菌棒运入林下拱棚内(图9-4)。若覆土栽培，菌棒按井字形排放。若立架栽培，香菇菌棒交叉斜靠于床架的铁丝上，菌棒与地面的夹角以不大于15°为宜，菌棒之间10 cm。

图9-4　菌棒入林

2. 转色管理

转色管理方法参照第六章袋内转色相关内容。

3. 开袋

开袋方法参照第八章开袋的相关内容。

4. 出菇管理

林地香菇的出菇期从5月份开始一直可持续到11月份，或是从9月份持续到翌年5月份。在整个出菇期中可出4潮菇，每潮菇都要经过催蕾，子实体生长发育，采收和养菌四个阶段。从催蕾到采收大约需要15 d的时间，养菌大约要经过10 d的时间。

林地香菇的出菇期要经过春夏秋三个季节，由于各个季节的温度和湿度差异很大，在出菇管理上也就不尽相同。根据林地香菇出菇的时间，我们可以把出菇期的管理分为三个阶段：春夏期，越夏期和秋季期。下面，我们就根据各个季节的气候特点针对三个阶段加以介绍。

(1)春夏期管理　5、6月份是林地香菇春秋茬口的出菇期。这个时候的气候特点为白天气温高，晚上气温较低，空气相对湿度低，风多风大。

香菇覆土或上架后要利用气候便利，采取温差、湿差刺激菇蕾的发生。白天将薄膜放下，升温、保湿。傍晚揭开薄膜，结合喷水降低温度，将日夜温差拉大，经过3～5 d的连续刺激，菌棒表面就会形成白色花裂痕，继而发育成菇蕾，菇蕾形成后，须对菇形不完整、丛生的菇蕾剔除。

由于白天气温高，天气干燥，水分蒸发量大，所以要适时喷水、通风降温。每天根据天气情况喷水，晴天喷水 2～3 次，阴天 1～2 次，同时进行通风降温。

这个时候气温逐渐升高，采菇要及时，宜早不宜迟，香菇菌盖基本展开，直径达 5 cm 以上时应及时采收，一般可在清晨和傍晚各采收一次。采收时要注意把菇根采摘干净，防止霉菌从此侵染。采完一批菇后，要停水 5～7 d，进行养菌，降低菌棒的含水量。3～5 d 后，采用微喷浇水，结合注水、机械刺激、温差刺激进行催蕾，菇蕾形成后照常规进行出菇管理。

(2)越夏期管理　7 月份林地香菇已采收 1～2 潮菇，进入了越夏管理阶段。这个时候大部分地区气温最高可达 35℃。因此越夏管理的重点是降低棚温，减少菌棒含水量，加强通风，防止烧菌，预防霉菌。

具体措施是：气温特别高时，中午朝拱棚膜外喷水，降低棚内温度。由于此时空气湿度大，喷水相应减少。晴天喷水 1 次，阴天不喷。每天早晨和傍晚气温低时各通风一次，每次通风时间为 2 h。此时，要注意预防霉菌高发。有少量霉菌感染菌棒，可采用生石灰粉覆盖发病部位，以防霉菌蔓延。出现霉菌面积较大的要及时挖去感染部位。

此时温度高，香菇生长快。每天要采收 3～4 次。整个一潮菇全部采收完后，要大通风一次。晴天时通风 2 h，阴天、雨天时可通风 4 h，使菌棒表面干燥，然后停止喷水 5～7 d，让菌丝充分恢复生长。对于立架栽培的香菇,待采菇留下的凹点处菌丝发白时,使用注水针为菌棒补水(图 9-5)。补水量最好是使菌棒重量略低于开袋出菇前的重量。补水后,将菌棒重新排放在畦内,重复前面的催蕾出菇的管理方法。

图 9-5　林地香菇注水

(3)秋季期管理　进入 9 月份,林地气温由高到低渐变,温度一般在 20～30℃,非常适合高温香菇的生长。进入秋季降雨少时,要增加空气湿度,补水保湿。每天早、中、晚喷水 1 次,早晚结合喷水各通风 1 h,促进子实体的发育。若秋冬春茬口,香菇菌棒经过越夏,菌棒含水量有所下降,菌棒发生收缩,在开袋出菇时可以适当注水。在秋季采收一潮菇后停止喷水 5～7 d,让菌丝充分恢复生长。结合拍打催蕾(图 9-6),然后通过喷水、注水,补充菌棒含水量,注水量控制在出菇菌棒重量的 40%～50%,以利养菌。拉大温差、干湿差刺激菇蕾的发生。

图 9-6　拍打惊菌

随着夏秋茬口香菇出菇的进行，菌丝代谢变缓，养菌时间、出菇时间、出菇过程相对应延长。当菌棒生产 4～5 潮菇后，棒体缩小、干瘪，出菇个头小，菇盖薄，说明养分已耗尽，此时出菇结束。

对于秋季开袋的低温菇，只出了 1～2 潮菇，到了深秋仍有出菇能力，采取紧闭棚膜，撤去遮阳网以增加棚内温度促进出菇。入冬后，喷大水，封闭棚膜，让菌棒上冻，待来年温度上升后再出菇。

第十章　花菇栽培技术

花菇是生长在干燥环境中的香菇菌盖上表皮裂开，露出白色的菌肉，状如花纹而得名（图 10-1）。花菇是香菇的珍品，在香菇的商品流通中，花菇质优价高，很受欢迎。因此，在发展香菇生产中，有目的的培育花菇，不仅是市场的需要，也是香菇生产者提高种菇收入的好办法。

图 10-1　花菇

一、花菇的培育条件

花菇并不是某一香菇菌株固有的特性，它是子实体在生长过程中，处于不良的环境条件下，所产生的优质畸形菇，任何香菇菌株都能形成花菇。有资料表明,无论是老法的原木砍花栽培或是人工纯菌种接种的新法栽培,乃至自然界生长的野生香菇,当子实体发育过程中,遇上特定的环境,都可能出现花菇。形成花菇的条件是干燥、强光、通风、大温差,我们只要人为地创造产生花菇的条件,或者是合理地利用自然条件,就能够生产出优质花菇。在以下情况下,花菇容易发生。

(1)材质坚硬的杂木产花菇多,材质松软的花菇少。

(2)菇木多节痕的老龄树花菇多,树皮厚的花菇多,少节痕、通直幼龄树、薄皮树花菇少。

(3)菌丝生长发育成熟且良好的菇木,花菇多,反之则少。

(4)接种后第二三年的菇木花菇多,当年接种的花菇少。

(5)冬季,特别是旱冬花菇多,春季花菇少。

(6)向阳日照充足、通风处花菇多,阴坡日照弱、通风不良处花菇少。

(7)海拔低、少露少雾处花菇多,海拔高、雾大露水多处花菇少。

(8)出菇场为沙砾的花菇多,泥地、草地的花菇少。

(9)离地高处或竖立菇木花菇多,菇木近地处花菇少。

(10)长江以北菇场花菇比例大,南方菇场花菇比例少。在我国,产花菇比例最高的是湖北、河南、陕西一带的菇场。其气候特点是秋季产菇期及春夏化雪后都有一段较长的干燥天气,且日照时数长,故花菇质量较优。江西、浙江等地南方菇场花菇产出率的高低,一般均以产菇季节雨雪日程多少及降雨量而定。据调查测试,在南方,春季接种的菇木到次年秋,菌丝生长发育成熟且良好,10 月份当第一批菇将出时,遇到冷空气南下,菇蕾大量冒出,在此之后如能维持 20～30 d 的空气相对湿度平均为 68％左右,降雨量少,月降雨量为 26.5 mm 左右,所得花菇率占 32.4％,其中特大花菇和一级花菇占 1/5,置光照强的风口处的菇木所形成的花菇中 80％为纹理雪白的菊花菇。

1. 湿度

湿度是影响花菇形成的主要因子。菇场内花菇形成的最高空气相对湿度为 75％以下,最佳相对湿度为 55％～65％,湿度过高,不形成或不易形成花菇。湿度过低,菇易干死。菌盖直径在 1.5 cm 以下时,适宜的湿度为 70％～75％。随着菌盖的长大,相对湿度要逐渐减小。菌盖在 2 cm 左右开始裂开,在正常生长条件下,如空气相对湿度在 55％～65％时,裂纹的增大与菌盖的增大成正比、即菌盖生长愈快,裂纹增粗也愈快,此时若气温在 8～15℃时,可得到最佳花菇,出菇场所地面的干湿,会直接影响菌盖纹理的出现和开裂深度。所以,出菇场所应保持干燥通风,地面绝对不能潮湿,地面潮湿,不形成花菇。另外,在袋料栽培时培养基的含水量为 60％～65％时,易形成花菇。段木栽培时,只有当菇木自身已呈缺水状态,但又能维持最低的出菇水分时,才能成长为花菇。

2. 温度

温度和温差对花菇的形成和质量的优劣起着重要作用。

一般低温(8～15℃)易形成优质花菇,低温可使菇体生长缓慢,组织致密,菇肉厚实。较大温差(8～10℃)有利于香菇原基的形成,也有利于在一定的低温、低湿条件下,加速菌盖开裂和加深裂纹,加速形成优质花菇。

3. 光照

培育花菇,要给予充足的直射光,遮阴过暗,不易形成花菇。光照不足,花菇颜色不佳,白度不够。在花菇生长的不同阶段,对光照强度的要求也有差异,幼蕾初现(菌盖 2 cm 以下)经不起强光,否则会晒裂而死亡。在花菇生长期,要有较强的直射光(光照强度要达到 1 500～2 000 lx)。冬季和早春,阳光辐射强度弱,菇场可让阳光直接照射,可有效提高花菇质量。

4. 通风

在花菇形成期间,轻微的风速流动,对花菇的形成有促进作用,微风可使菇场内湿度降低,风力 1～3 级为宜,风速过大菇体表面水分蒸发过快,易使还未成熟的幼菇干枯萎缩。因此,菇场既要通风又要防风。菇场应选择在通风良好的地方,且菇棚与菇棚之间要有一定的距离,不应相互影响通风。

二、场地选择及菇棚设置

一般 800 m 以上的高海拔山区,在秋末和冬季,气温低,空气干燥,温湿差大,是形成花菇最好的大自然环境。在利用大自然环境优势的同时，选择通风、向阳、干燥、近水源的山地或平地，作为栽培花菇的场所。在菇场上设置菇棚，棚高 2 m 以上，四周以竹木为支柱，棚顶用杉枝或枝多叶少的树枝作为遮荫物，四周以小竹、芦苇、蔗叶等作围帘，遮阴度以四阳六阴为宜。棚内设层架式菇架，每架 4～5 层，以 5 层居多，棚顶用弓形竹片固定，并覆盖薄膜，菇架四周悬挂的薄膜可以灵活升降。温度偏低时，将薄膜下降，只留底部一段通气。天晴时将薄膜上升，可以通风换气，降湿、排湿。菇棚四周从 3 月份开始种植蔓生性的豆类(豇豆、四季豆等)和瓜类(丝瓜、黄瓜、冬瓜等)，即可提高经济效益，又可创造一个香菇和作物互相得益的生态环境。

三、泌阳花菇培育的技术要点

目前，在国内外以河南省泌阳县袋料花菇质量最佳，被称为泌阳花菇甲天下。掌握泌阳花菇培育的技术要点，对指导所有菇农的花菇生产，具有普遍的意义。

1. 大袋栽培

大袋栽培营养丰富，袋内保湿性能好，有利于形成大个的优质花菇。袋的规格为长 55 cm，折径 25 cm，厚 0.03～0.04 mm。

2. 小棚立体

室内发菌，室外棚架出菇，向空间立体发展。占地少，操作方便，管理集中。棚架采用砖和竹木结构，小棚长 8 m、宽 2.5 m 为一间，搭设 5 层架，种植 500 袋，产值 5 000 元。

3. 增光育菇

增光育菇是泌阳培育花菇的特色所在，它不仅可以调节菇棚的温湿度，利于花菇的形成，而且还可以防治病虫害的发生。

4. 带袋出菇

室内完成营养生长，减少脱袋转色工序，即边转色、边出菇，出菇后，割袋扩孔，香菇从扩孔处向外生长。

5. 品种选择

花菇形成的早晚、快慢与品种有关，一般低温型品种易较快地形成花菇。生产一般应用 L135 或 241-4 等长菌龄品种。

第十一章　香菇病虫害防治

香菇在其菌丝生长、发育、子实体形成的过程中，易受到病原生物的侵害，在受到不良环境的影响时，也会引起子实体内部结构或外部形态发生异常变化，直接影响香菇的产量及品质。

影响香菇生产的因素很多，总体上可以分为两类：病害及虫害。

一、香菇主要病害与防治

按照病害发生的原因是否由病原物引起，香菇的病害可分为两大类：侵染性病害和非侵染性病害。前者是由病原物侵染引起的，而后者是由环境、栽培管理不当等引起的病害，即生理性病害。

（一）侵染性病害

使香菇等食用菌致病的一类生物称为病原物。危害香菇的病原物主要有真菌、放线菌、细菌、病毒等。这些病原物或与香菇争夺培养料生长空间，或争夺营养，或产生有害物质影响菌丝生长、发育，或是菌丝病变、子实体畸形。人们一般将其称为杂菌。危害香菇生产的杂菌种类很多，按照病害发生的普遍性和严重性，介绍危害香菇比较严重的几类杂菌。

1. 丝状真菌

(1)木霉　木霉又称绿霉，是香菇生产中一种常见的，也是危害最大，影响较为普遍的竞争性杂菌(图 11-1，彩图 11-1)。木霉主要侵染培养料，与菌丝争夺空间和养分。同时，木霉菌丝分泌的毒素还会抑制香菇菌丝的生长，使菌丝萎缩、发黄、自溶死亡，常会看到木霉与香菇菌丝之间有一条明显的拮抗线。常见的危害香菇的种类是绿色木霉和康氏木霉。

图 11-1　香菇菌棒感染绿霉

①形态特征　木霉菌丝生长浓密，初期呈白色斑块，成熟时产生浅绿色孢子。菌落中央为深绿色，向外逐渐变浅，边缘呈白色，后期变为深黄绿色、深绿色，会使 PDA 培养基全部变成墨绿色。

②发生与危害　木霉菌丝体和分生孢子广泛分布于自然界，通过气流、水滴传播。在高温高湿的环境中绿霉孢子会快速萌发并占据料面。绿色木霉菌适于在15～30℃，空气相对湿度75%和偏酸性的环境中生长，常在菌种和菌袋的培养料内及菌棒出菇阶段发生，与香菇菌丝争夺养分。受其污染后，培养料养分受到破坏，严重的使培养基全部变成墨绿色，发臭腐烂。

③防治方法　注意清除培养室内外病源，及时挑出并处理污染菌袋；长期保持通风，控温控湿；拌料时防止酸败和氮源超量；装袋及运输菌袋时防止破袋、微孔；接种时严格执行无菌操作；出菇阶段，防止喷水过量，注意棚内通风换气。总之，要充分创造利于香菇菌丝生长而不适于绿色木霉生长的生态环境。

如果在菌袋料面发现，可用2%甲醛和5%石灰混合液或1%～2%来苏儿液、0.1%甲基托布津、0.1%～0.2%代森锌等药剂注射于受害部位。若在脱袋后的菌棒上发现，先用0.2%的多菌灵溶液抹于受害部位及四周。再用5%石灰上清液重涂于患处，即可杀灭。如果菌袋1/3被侵害时，可用洁净的刀切除浸染部分，切口用500倍波尔多液涂抹。

(2)链孢霉　链孢霉属于半知菌纲子囊菌门，是危害包括香菇在内的绝大多数食用菌的杂菌。

①形态特征　链孢霉菌落为白色，粉粒状，后为绒毛状。到生长后期灰白色粉状菌丝转变为白色或橘红色颗粒状分生

孢子(图 11-2,彩图 11-2)。

图 11-2　香菇菌棒感染链孢霉

②发生与危害　链孢霉是土壤微生物,孢子可随风、水及其他生物传播。病菌在 10～25℃、湿度偏高的环境中快速繁殖。特别是在夏天制种、制棒过程中易受污染。尤其是使用玉米芯作为栽培原料更易发生。

链孢霉蔓延迅速,其分生孢子耐高温,湿热 70℃下才能失去活力,干热达 130℃尚可潜伏。分生孢子为粉末状,数量大,个体小,常随气流飘浮带入接种箱、培养场所,传播力极强。一旦发生,极易暴发,危害严重,给生产造成极大损失。

③防治方法　严格控制污染源。链孢霉多从原料中的麦麸、米糠、玉米芯带入,因此选择原料时要求新鲜、无霉变,无结块。挑选合格的塑料袋,剔除有破裂与微细针孔的劣质袋;保持生产场所环境清洁卫生;培养基灭菌要彻底;接种注意用 70％酒精擦拭菌种袋表面消毒,严格按无菌操作接种;发菌场

所要干燥，防潮湿、防高温、防鼠咬，注意通风换气。

一旦在料面上发现链孢霉时，用柴油涂抹孢子处，同时用500倍液可湿性托布津或500倍甲醛，注射入污染部位，然后用胶布封针眼。注意未经处理前，不要随意翻动菌袋，以免孢子扩散。

链孢霉只是与香菇菌丝争夺养分的一种杂菌，但最终可以被香菇菌丝抑制。因此只要香菇菌丝能够萌发生长，在气温20℃以下时，到后期链孢霉便可自行逐渐消退，而此时香菇菌丝则生长旺盛，占据料面。但受其污染的菌袋，养分被破坏，产量受影响，初步估计减产10％～15％。

(3)毛霉　侵害食用菌的毛霉主要是总状毛霉，又叫长毛菌、黑色面包菌，属结合菌门毛霉目毛霉科。其他还有根霉，如黑根霉。

①形态特征　毛霉菌丝无隔，浅黄褐色，细长，生长茂盛，气生菌丝如棉絮状，无葡萄菌丝及假根。孢子梗具有短的、稀疏的假轴状分枝。

②发生与危害　毛霉孢子广泛存在于空气、水源、土壤和有机残体中。温度在20～40℃时，培养料麦麸含量20％以上，水分偏多时易发生毛霉。发生毛霉的原因，主要由于培养室、栽培场所通风不良，温度过高，菌瓶棉塞受潮或菌袋内培养基含水量过多。毛霉发生在培养基内，会破坏养分，产生毒素，抑制香菇菌丝的正常生长。

③防治方法　控制培养料内麦麸用量，选用新鲜、无霉变

的培养料原料；加大接种量，使香菇菌种形成优势；加强室内通风换气，并降低空气相对湿度，以控制其发生。

一旦在培养基内发现污染时，可用70%～75%酒精注射患处，也可用pH 8.5的石灰水上清液涂刷患处，以控制扩散。

(4)曲霉　曲霉种类很多，危害香菇生长的主要有黑曲霉、黄曲霉和烟曲霉等。

①形态特征　曲霉的菌丝粗短，有隔，为多细胞霉菌。初期无色、淡色，后期表面凝集有色物质，出现黑、黄、棕、红等颜色。分生孢子梗长短不一，顶端膨大称为顶囊，形成孢子穗。

②发生与危害　曲霉适宜在25～35℃，湿度偏大，空气不新鲜的环境下发生。曲霉广泛分布于环境中，分生孢子随空气漂浮扩散。孢子较耐高温，在100℃下灭菌10～12 h或125℃下维持3～3.5 h才能彻底杀灭。在菌种瓶瓶口棉花塞受潮时很容易发生。曲霉多侵染培养料表面，使料内缺氧，争夺养料养分和水分，分解产生有机酸和毒素，影响香菇菌丝的生长发育，并发出刺鼻气味，致使香菇菌丝死亡。

③防治措施　高温高湿时配料减少麦麸用量；灭菌时防止棉花塞受潮；发菌和接种控制在20～25℃，发菌室空气相对湿度控制在60%以下，加强通风。

一旦发生污染，应加强通风，降低培养室空气相对湿度。污染严重时，可喷洒pH 9～10的石灰水上清液或喷洒1∶500倍的托布津溶液。

(5)青霉　青霉种类繁多，危害香菇的种类主要有圆弧青霉、绳状青霉、产黄青霉(图 11-3,彩图 11-3)和淡紫青霉等。

图 11-3　香菇菌棒感染产黄青霉

①形态特征　菌丝前期多为白色,与香菇菌丝相似,难以辨认。后期转为绿色,蓝色、灰绿色等。分生孢子梗表面光滑,帚状枝不对称,副枝上长出梗基和小梗。小梗上产生分生孢子链。

②发生与危害　青霉菌丝和分生孢子在自然界中分布极广,分生孢子通过气流、水滴带入培养料。孢子适宜温度为20～35℃,基内水分 65%以上,空气相对湿度 70%,在弱酸性(pH 3.5～6)环境中繁殖迅速。青霉一般侵染培养料表面,出现形状不规则,大小不等的青绿色菌斑,并不断蔓延,与香菇菌丝争夺养分,并产生毒素,隔绝空气,破坏香菇菌丝生长,造成培养料报废,影响子实体的形成。

③防治方法　加强通风,保持场所清洁,定期消毒;同时

注意降低温度，以控制其发生。若局部发生时，可用5%～10%石灰水涂刷或用40%甲醛溶液注射，然后盖上湿纱布。

(6)香菇蛛网丝状枝霉病　香菇蛛网丝状枝霉病是危害香菇子实体的病害，又称褐斑病、凹斑病，主要侵害夏季覆土栽培的香菇。

①危害病症　子实体生长期发病，菌盖上出现褐色凹陷的病斑。病斑边缘颜色较深，中间灰白色。在潮湿的环境下，病斑表面长出灰白色的霉状物，菌肉组织溃烂。

②病原菌及发生规律　病原菌为蛛网丝状枝霉，属子囊菌门粪壳菌纲肉座菌目丛壳菌科。气生菌丝有分隔和分枝，灰白色，在分隔处或沿匍匐菌丝两侧产生分生孢子梗，梗端着生分生孢子。该病菌分布于土壤和有机质中。随空气、水流、昆虫等传播。出菇场内高温高湿及通风不利时易发生，长江流域易发生，北方地区发生少。

③防治方法　避免出菇场积水；加大通风；防止出菇场暴发菇蚊蝇；及时摘除病菇。

2.细菌

(1)菌丝体细菌病害　污染香菇等食用菌培养基的细菌种类很多，分为嗜热性细菌、中温性细菌和低温性细菌。常见的细菌种类有枯草芽孢杆菌黏液变种、蜡状芽孢杆菌黏液变种、假单胞杆菌等。

①形态特征　细菌污染后的培养料表面为水渍状、湿斑、酸败、湿腐、黏液和腐烂等症状，并伴有酸臭味。

②发生与危害　细菌广泛分布于自然界。常发生于灭菌不彻底的培养基内。如在PDA培养基上形成菌斑，影响菌丝生长。塑料栽培的菌袋常因营养高、水分足，接种期或发菌期受到中温性细菌污染，菌袋培养料内出现湿斑，造成香菇菌丝无法长满，出菇推迟或产量下降。此外，细菌繁殖时也会产生毒素，抑制香菇菌丝生长。

③防治方法　彻底灭菌，不留死角；接种严格按照无菌操作进行；发菌室保持通风干燥，使用前用高锰酸钾和甲醛熏蒸。

(2)子实体细菌病害　常见的由细菌引起的子实体病害为香菇褐腐病。

①危害病症　发病初期，新长出的菇蕾出现黄褐色斑点。随着子实体的生长，病斑也逐渐扩大，并在病斑处渗出黄色液体，伴有臭味。出现病症后，子实体停止生长，褐变，最后腐烂。

②病原菌及发生规律　病原菌为荧光假单胞杆菌。该病菌在香菇组织间隙中繁殖，多发生于含水量大的段木及菌棒上。在夏季覆土栽培香菇时发病也较多。

③防治方法　避免积水；使用清洁水源。发病后及时摘除病菇，停止浇水，加强通风。在棚内喷雾40%二氯异氰尿

酸钠和链霉素500倍液，用药5 d后再次使用。地面喷施3%石灰水控制蔓延。

3. 病毒

真菌病毒广泛存在于食用菌细胞中，但只有浓度达到一定程度后才会发病。

（1）危害病症　未发病时，带病毒的菌丝在生长速度或子实体产量上没有异常。发病后，菌丝在PDA上表现出菌丝吃料困难，生长速度变慢，且稀疏，菌落发黄。栽培料中的菌丝会产生退菌斑。开袋后，菌棒气生菌丝少，难以转色。形成的子实体表现为菌柄肥大，菌盖球形，或是菇体细小而薄，提早开伞。

（2）病原菌及发生规律　香菇病毒有6～7种，有球形、丝状、棒状。病毒主要靠香菇菌丝和孢子传播。

（3）防治方法　选用无毒的菌种；严格消毒接种工具，接种室使用过氧乙酸熏蒸；减少病原传播途径。

（二）非侵染（生理）性病害

生理性病害又称非侵染性病害，是由于生长条件不适宜或环境中有害物质的影响而造成的生长不良现象。这种病无病原物诱发，也不会相互传染，但一旦发生更会造成重大损失。在袋料香菇生产中最常见的生理性病害有菌丝淡化、菌丝徒长、菌棒黄水和畸形菇、死菇等。

1. 菌丝体的生理性病害

(1)菌丝淡化

①症状　菌丝生长稀淡,菌棒变软,失去弹性。

②病因　配制培养料的原料发生霉变,含有杂菌释放的毒素;培养料选用未经脱脂处理的针叶树木屑,抑制了香菇菌丝生长;过量添加硫酸镁、石灰等化学物质。

③预防　选用新鲜优质的培养料;采用合理配方;严格灭菌。

(2)菌丝徒长

①症状　香菇菌丝长满菌袋后,气生菌丝发白,吐黄水,最终形成一层白色浓厚的菌皮,抑制菇蕾的形成。

②病因　培养料碳氮比不合适,氮源偏多。栽培场没有温差,空气湿度大,香菇气生菌丝快速生长,未适时刺孔增氧,形成一层老菌皮,隔绝空气,导致料内菌丝体不能及时向生殖生长转化,迟迟不能形成原基。

③预防　合理配比;适时刺孔增氧;增大温差刺激。

(3)菌棒黄水

①症状　菌棒表面不能正常干缩成菌皮,而是溶解成棕黄色的汁水,黄汁流过处由表向内腐烂,变黑,最后受害部位伴有多种杂菌发生。

②病因　菌丝高温烧菌或机械损伤,自溶成黄汁。黄汁

的湿度和营养物质有利于青霉或细菌的繁殖，引发传染性病害。

③预防　用抗逆性强的品种；菌棒应堆放在阴凉、通风之处，防止烧菌；在 20～25℃时刺孔增氧，避免刺伤菌瘤；及时将袋内黄汁排出，若严重时，应脱去菌袋，冲去黄汁，将菌棒在 0.05％的扑霉灵（咪鲜胺）溶液中浸泡 1 min，沥干，然后再套袋，重新刺孔增氧。

2. 子实体的生理性病害

香菇的子实体生理性病害主要指畸形菇和死菇等。

（1）死菇

①病状　小菇成批萎缩、变软直至死亡。

②发生原因　环境条件不适。香菇菇蕾时，品种温型与气温不相符，低温型品种遇上棚内温度过高，或高温型品种遇上棚内温度过低，且缺少温差刺激。机械损伤也会造成原基死亡。

③防治方法　合理安排出菇时间，避免出现温度不适；避免损伤幼菇。

（2）大柄菇

①病状　香菇菌柄短而粗，菌盖肥大而厚实，但不易张开。

②发生原因　出菇温度过低。在子实体生长时，连续日

平均气温低于10℃时，菌柄积累养分，生长膨大，而菌盖因外界气温较低而生长缓慢，就形成粗柄、小盖的大柄菇。

③防治方法　按香菇品种的温型特点，合理安排栽培季节；冬季低温期，减少覆盖物，提高棚温，促进菌盖生长。

(3)高脚菇

①病状　香菇菌柄长，而菌盖小。柄与盖相连处呈扇形或多边形，同时菌盖表面高低不平，呈暗褐色。

②发生原因　出菇棚通风条件差，光照太弱，空气相对湿度过高，二氧化碳浓度高，造成子实体发育不良；香菇品种种质退化严重。

③防治方法　正规渠道购买菌种，选择优良品种；加强菇棚通风换气。

(4)空心软柄菇

①病状　菇柄空心，柔软，菌盖小，子实体丛生。

②发生原因　菌种老化、退化，菌丝生活力低，影响养分的正常吸收，菇体细胞松散。

③防治方法　选用适龄的、复壮的、活力强的菌种。

(5)平顶菇

①病状　香菇菌盖不呈伞形，而呈不规则形状，中央平坦或明显凹陷，但色泽正常。

②发生原因　香菇现蕾后，未及时开袋，受塑料袋挤压形成顶袋菇。

③防治方法　香菇菌棒运输、通氧时轻拿轻放，避免刺激形成原基。一旦袋内形成原基，及时划口放菇。

(6)拳状菇

①病状　原基丛生，成菇后菌盖卷缩，菌柄扭曲，形似“拳头”状。

②发生原因　菌棒装料松散，袋内菌丝长势及成熟度不一样，空隙较大处菌丝先成熟并出菇，又无法正常生长发育，形成畸形。打穴接种太深。

③防治方法　装袋时，一定要做到装料均匀一致，接种打穴 1.5～2 cm 深。

(7)荔枝菇

①病状　原基呈圆锥状突起，如荔枝状，不能分化成菌柄和菌盖，或者仅有很小的菌盖形成。

②发生原因　品种与出菇温度不适应。高温型品种低温下出菇或低温型品种在高温下出菇。培养料内氮素太多，也易诱致荔枝型畸形菇。菌袋尚未发育成熟就急于出菇，原基形成后，营养跟不上。

③防治方法　科学配置培养料，防止养料及碳氮比失调；严格按照品种的温型特点，安排好接种和出菇期；菌龄达到要求的时间，再出菇；一旦提前形成原基，摘除病菇，待气温、菌龄等条件适宜时，再催菇。

二、香菇主要虫害与防治

在香菇生产的过程中，尤其是连年的种植场地，常受到病虫的危害，轻则影响香菇品质，造成减产，重则造成绝产，损失巨大，所以必须高度重视。香菇的病虫害防治应遵循“预防为主，综合治理”的原则。用农业防治、生物防治、物理防治相结合的综合防治技术对有害生物进行控制和治理，把化学防治作为辅助手段，使生产的香菇达到相关质量标准。

常见的危害香菇的害虫有菇蚊、菇蝇、螨类、线虫、蛾类、蛞蝓、跳虫、蜗牛、甲虫类等。

（一）菇蝇

1. 发生规律

菇蝇繁殖力极强，一只雌蝇可产卵 300 粒。可随培养料进入菇房，也可通过通风口进入菇房。菇房内菇的香味和烂菇味对菇蝇都有很强的吸引力。

2. 危害

成虫和幼虫（图 11-4）都喜欢取食潮湿、腐烂、发臭的食物，有较强的趋化性和趋腐性。可取食菌丝和子实体。菇蝇以幼虫为害为主，取食菌丝，或从基部侵入菌柄，蛀食子实体，严重时将整个菇体食为海绵状。

3. 防治

出菇前有蝇蛆大量发生，可用磷化铝 6 g/m^3 的量进行熏蒸，同时在每平方米上再喷 0.15 kg 的 1%氯化钾或氯化钠溶液（可用 5%食盐水代替）。出菇后有蝇蛆为害可喷菇净1 000倍药液等低毒农药。

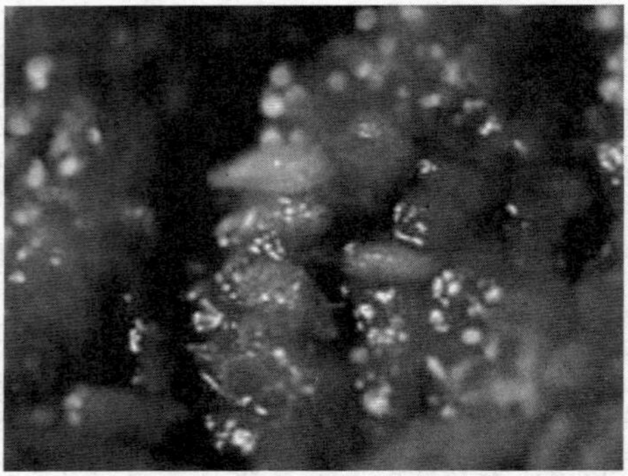

图 11-4 菇蝇幼虫

（二）菇蚊

1. 发生规律

菇蚊喜欢在潮湿、肮脏的环境繁衍。菇蚊的幼虫在菌棒内危害 2～3 周后变硬化蛹，蛹经过 3～7 d 羽化为成虫飞出。成虫（图 11-5）交尾后很快产卵，每只雌虫产卵 10～300 粒。菌棒因受害后所产生的特殊气味，对菇蚊的成虫有很强的诱集性，因而菇蚊往往又会回到病斑上产卵，引起下一个世代对香菇的危害。

2. 危害

菇蚊主要咬食菌丝，破坏菌丝的结构，导致菌丝衰弱或死

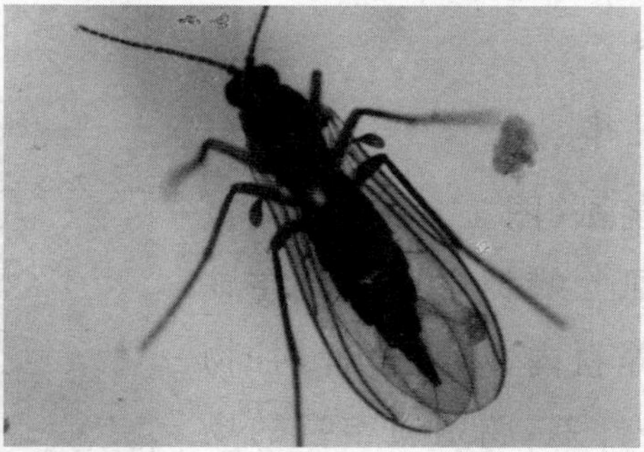

图 11-5　菇蚊成虫

亡。同时菇蚊也会携带其他杂菌，为其浸染创造条件，引发病害，造成危害的恶性循环。此外，跳虫、螨虫、线虫等也趁机在菇蚊的咬斑内大量繁殖危害，加重危害程度最终造成香菇的菌丝自溶，培养基松散，黑水横流。

3. 防治

及时清理废旧培养料，并彻底打扫菇棚，用石灰粉或漂白粉等消毒杀虫灭菌。正确掌握防除菇蚊的方法，通过挂置黄板、杀虫灯，喷雾杀虫可及时杀死成虫，大大降低成虫产卵量。杀成虫可用菇类专用杀虫剂菇虫净。一般在刺孔通气前喷一次。挖除病斑，剔尽黑色木屑然后涂上石灰水，同时及时烧毁或深埋剔除下来的病斑木屑。对在筒袋内危害的菇蚊幼虫可选用菇净、甲胺基阿维菌素 1 000 倍或 Bti 4 000～8 000 倍注射病斑，每厘米直径注射 0.5～1 mL，不可过量。

(三)螨类

1. 发生规律

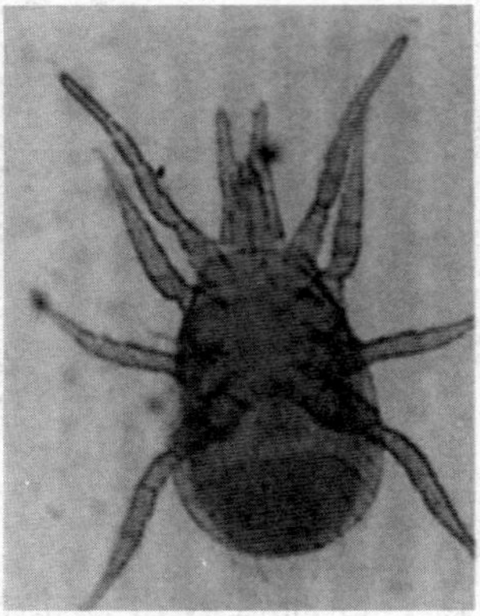

图 11-6　螨类

螨,俗称菌虱(图 11-6)。螨类包括红蜘蛛、菌虱。螨类主要潜藏在厩肥、饲料和培养料内,鸡窝畜舍,谷物仓库或环境条件差,腐殖质丰富的场所。螨类非常微小,发生初期常被忽视,一旦暴发易酿成大灾。

2. 危害

螨类在香菇生产的各个阶段均可能造成危害,取食香菇菌丝体及子实体。培养基发生螨害后,接种部位的菌种块不萌发或萌发后菌丝外观稀疏暗淡,并逐渐萎缩,严重时培养料中的菌丝会被全部吃光,造成栽培失败。

3. 防治

搞好培菌场所的环境卫生,可有效地杜绝螨害的发生。对发生螨害的菇棚,在重新使用前用磷化铝等药物熏蒸杀螨。菌丝体培养期间可喷洒 1 000 倍液的 4.3%菇净或 500 倍液的克螨特。出菇期不宜用药,否则菇体易产生药害,危害人体健康。

(四)线虫

1. 发生规律

线虫是一种粉红色线状蠕虫,体长 1 mm 左右,繁殖很快。线虫的虫体非常纤细,成群聚集。危害食用菌的主要是杆型线虫、滑刃线虫、垫刃线虫。

2. 危害

香菇脱袋后在转色期间受害,菌棒产生“退菌”现象,最后培养料变得松散。线虫蛀食香菇子实体,并带细菌造成烂菇,致使小菇蕾萎缩和死亡。

3. 防治

线虫发生时用1%生石灰与1%食盐水浸泡菌袋 2 h 即可杀灭。降低培养场空气湿度和覆土湿度是减少线虫危害的有效方法。菇场实行轮作制度。使用 1 000 倍菇净喷洒可以有效杀死菇体上的线虫。用磷化铝熏蒸菇房,剂量为 6 g/m^3,密闭 2 d 后打开通风。

(五)香菇蛾

1. 发生规律

幼虫体白色头黑色,长 7～8 mm,成虫长 5～6 mm,前翅暗褐,后翅黄褐,触角丝状,躯干黄乳白色。香菇蛾一年可繁殖 4 代,其幼虫和成年可在段木和干香菇中生活。

2. 危害

成虫主要危害干香菇，侵害香菇盖面，使香菇失去商品价值。

3. 防治方法

将香菇含水量保持在 13%以下。香菇烘干后及时套入二层塑料袋装进铝膜纸箱，包装箱密封前，最好放进一些氯化钙等吸湿剂，防止返潮。如干香菇已受到香菇蛾的侵害，可用二硫化碳熏蒸，每 15 kg 干菇用 5 mL 的二硫化碳，即可杀灭香菇蛾的幼虫或成虫。

(六)蛞蝓

1. 发生规律

蛞蝓(图 11-7，彩图 11-7)又名鼻涕虫，属腹足纲柄眼目蛞蝓科。白天潜伏，夜晚和雨天活动。

图 11-7　蛞蝓为害香菇子实体

2. 危害

主要危害香菇子实体，咬食原基和菇体，将菇体蚕食成缺刻，影响商品质量。此外，蛞蝓还携带和传播病害，杂菌从伤口感染子实体发生多种病害。

3. 防治方法

在菇房地面及四周撒干石灰粉，无土面露出。在阴天和雨天乘其出来取食及时人工捕捉。在蛞蝓大量发生时，将菇提前采收后喷施 500 倍菇净将其杀死。

(七)跳虫

1. 发生规律

跳虫属于无翅亚纲节肢动物门，又叫香灰虫、米灰虫。幼虫白色，成虫(图 11-8)灰蓝色，弹跳如蚤，繁殖很快，常聚集在接种穴周围或菌柄和菌褶交界处。

2. 危害

跳虫食性杂，危害广，主要取食香菇菌丝和子实体，致使菇蕾和菇体枯萎死亡，同时携带螨虫和其他病菌，造成二次污染。

3. 防治方法

保持出菇场卫生清洁。若出菇期发现跳虫，可采菇后，用 1%甲氨基阿维菌素 1 000 倍药物防治。

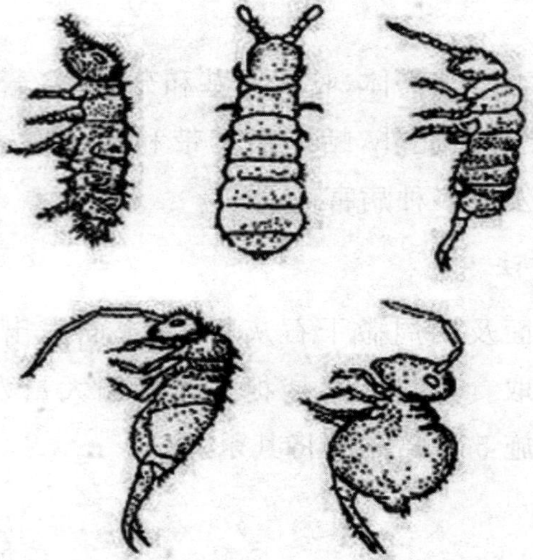

图 11-8 常见跳虫

(八)蜗牛

1. 发生规律

危害食用菌的蜗牛种类很多。每年 4～11 月,温度 20℃以上开始活动。

2. 危害

蜗牛用尖锐小齿舔食菇体,造成菇体形成孔洞和缺刻。在潮湿的环境下,其爬过的菌盖还会留下一条白色透明的分泌物。

3. 防治方法

在蜗牛活动盛期,用人工捕捉的方式予以消灭。在菇场角落、地面撒石灰粉或5%的食盐水进行驱杀。

(九)甲虫类

1.发生规律

甲虫类害虫大多属于鞘翅目昆虫，常见的有赤拟谷盗、脊胸露尾虫。这两种成虫体长均在2～4 mm，体扁平，背部有光泽，触角11节，末端3节膨大。赤拟谷盗虫呈椭圆形，赤褐色至黑褐色，复眼黑色；脊胸露尾虫深黑色或黄褐色，复眼圆形，呈褐色，翅末端平截，腹部两节背板外露，俗称露尾虫。

2.危害

这两种甲虫的幼虫均咬食香菇菌肉，成虫潜伏于菌褶内产卵，影响香菇品质。

3.防治

同香菇蛾。一旦发生大量虫害，可将香菇60℃烘烤2～3 h即可杀死害虫。

第十二章　香菇的采收与加工技术

一、香菇的采收

(一)适时采收

适时采摘是保证香菇质量的先决条件。

1. 采收标准

当香菇鲜销时,子实体的菇盖长到六七分熟时,即菌盖边缘仍内卷,还未完全展开时,孢子还未发散时,为最佳的采摘时期。此时,菇体菌肉肥厚,香味浓郁,质量最佳,产量也最高。如果采摘不及时,菌盖展开,肉质变薄,香味也会变淡,品质下降。

干制或其他加工用的香菇采摘标准可增加一分左右。一般而言,随气温的升高,采摘时间也要适当提前。

花菇,也称冬菇,要求开伞五至六分,在菌膜部分破裂时采收。

厚菇,要求开伞六至七分,在菌膜全部破裂、菌盖边缘明显内卷时采收。

薄菇,也称香信,要求开伞七至八分,在菌膜全部破裂、菌盖边缘仍稍微内卷时采收。

2. 采收方法

香菇在采摘前停止喷水。采摘时,用拇指和食指捏住菇柄的基部,左右摇动一下后拔起。采摘香菇时切忌用力过猛,将培养料带起。摘菇时要稳,不要扯断菇柄。对于菌棒上的菇脚也要及时清理,避免腐烂发霉,感染杂菌。

(二)采后分级

采收后的香菇要及时剪掉菇柄。按菌盖大小进行分级。分为 4 个等级,依次为:L 级:菌盖直径大于 5.5 cm;M 级:菌盖直径 4.5～5.5 cm;S 级:菌盖直径 4.0～4.5 cm;等外级:菌盖直径小于 4 cm。各等级鲜菇定量称取后用专用塑料筐装筐。

二、香菇的冷藏保鲜

冷藏是保持香菇风味的有效手段之一。

1. 保鲜处理

用于冷藏保鲜的香菇应在采收前 2～3 d 停止喷水。采收后晾晒或热风脱水至含水量大约 75%。整菇在 1～5℃的冷库中先预冷 24 h,降低菇体呼吸强度。然后剪去菌柄,进行分级。然后置于 1～5℃的冷库保存。一般,在空气相对湿度 80%～85%,温度 1℃的条件下,香菇可储藏 14～20 d。

2. 包装储运

在外销或外运前数小时进行包装。按商品规格要求将冷藏的鲜菇装入聚乙烯袋，称重后，用真空机抽气密封，装入泡沫箱，在1～5℃的低温下储运。

三、香菇的加工

香菇除以鲜销为主外，干制也是主要的加工方式。此外，随着生活水平的提高和科学技术的发展，香菇还被加工为蜜饯、罐头、即食脆片等产品。

（一）烘制香菇干品的方法及工艺流程

香菇的干制也称烘干、干燥、脱水等，是指在自然条件或人工条件下，促使菇体中的水分蒸发，降低菇体含水量的过程。干制过程可以生成更多的5′-鸟苷酸使得香菇香味更浓，风味独特。此外，干制后的香菇更耐储藏，不易变质腐败，有利于解决周年上市的问题。见图12-1。

1. 干制的原理

食用菌干制的原理是将菇体中的水分散失掉一部分，将细胞中可溶性物质的浓度增高到微生物不可用的程度。同时，菇体细胞含有的酶由于缺水活性受到抑制，从而延长食用菌干品的保质期。

烘制香菇干品的方法很多，其原理是利用对流热交换方式，加热子实体，并及时排去从子实体内蒸发出来的水分，达

图 12-1　干制香菇

到含水率在13%以下，保持菇体内营养物质不致分解、转化，使特有的色、香、形显露出来的目的。

2. 香菇干制的方法

常用的香菇干制方法有以下几种：

(1)日晒干制法　阳光是香菇脱水干制最方便、最廉价的能源。利用日晒法干制香菇时，应选择受阳光照射时间长、通风良好的地方，因为通风能加速水分的蒸发，缩短晒干的时间。

操作时，将采收的香菇，根据需要剪去部分菌柄，及时放置于通风处的晒席等摊晒工具上，菌褶朝上摆放于阳光下晒干。在晴朗天气，3～5 d 便可晒干，晒干的时间越短，子实体干制的质量就越好。此法简便易行，晒干的菇维生素 D 的含量高，晒的时间越短，色泽质量越好。但易受自然天气的限制，只能在晴天进行，且香菇的香味不浓郁。见图 12-2。

图 12-2　香菇日晒干燥

(2)烘箱干制法　日晒干制法虽然方便、价廉,但受天气状况的限制。为解决这个问题,可以采用自制烘箱干燥。用木板做一个方柜,一侧留门,长、宽、高为 70 cm×80 cm×130 cm,柜顶再做成金字塔形,在塔尖部开一个 120 cm 高的出气管道,大小为 12 cm×12 cm×12 cm,烘箱内两壁钉 2 cm 宽的搁条,用以放置烘筛,烘筛上下间距 15 cm 左右。见图 12-3。

图 12-3　香菇烘箱干燥

操作时，将刚采收下的香菇马上进行清整，剪去菌柄，分级，将菌褶朝下摊放在竹筛中。筛的孔眼不小于 1 cm。先将烘干机预热到 45℃左右，然后将摊放鲜菇的竹筛分类置于烘干架上。烘烤的起始温度，较干的香菇设定为 35℃，较湿的香菇设定为 30℃。这时将烘干机的进气口和排气口全部打开，加大通风量，排出水蒸气。烘烤时，每 3 h 温度升高 5℃，当烘烤温度升到 45℃时，菇体水分蒸发减少，此时可关闭 1/3 的进气口和排气口。烘烤进入菇体干燥期，维持 3 h 后，打开箱门将烘筛上下层的位置调换一下，使各层的菇体干燥程度一致。以后每小时升温 5℃，当温度升到 50℃时，关闭 1/2 的进气口和排气口。温度升到 55℃时，菌褶和菌盖边缘已完全烘干，但菌柄还未达足干，这时要停止加热，使烘烤温度下降到 35℃左右。4 h 后重新加热复烘，温度升到 50～55℃时，打开 1/2 的进气口和排气口，维持 3～4 h 后，关闭进气口和排气口，控制烘烤温度在 60℃，维持 2 h，即可达到足干。

(3)烘房干制法　烘房干制法是利用专门砌建的烘房进行香菇脱水干燥的方法。烘房一般有火坑式和烟道式两种形式，墙壁用砖或土垒砌，房顶盖瓦，房门开在侧面中间，高 1.7 m，宽 0.67 m。

火坑式烘房在房内设火坑和人行道，人行道宽 70 cm，火坑在地面挖成，宽 65 cm，深 30 cm，带有一定斜度，每条火坑中间筑一条 40 cm 高的小墙，将火坑分成两条，火坑与人行道之间再砌一安全墙，高 60 cm，厚 20 cm，以保证操作人员的安全，在火坑上面搭烘架。

烟道式烘房是在房外设炉灶，火门开在房子外面的一端，房子另一端设烟囱，房子里面设烟道，连接炉灶与烟囱，烟道宽深均为 40 cm，烟道上面用铁板盖严，以防漏烟，烘架搭在烟道上面。

(4)热风机干制法　热风机干制法是一种用专门干燥设备干燥食用菌的方法。用专业的热风干燥机械脱水干燥的香菇产品，色、形俱佳，商品价值高，质量上乘，受到消费者的青睐。

它的操作方便，只要将柴火或柴油在燃烧室内点燃，打开风扇，验证箱内没有漏烟后即可将食用菌烘筛放入箱内干燥脱水，干燥温度应掌握先低后高再低的曲线，可通过调节风口大小来控制，干燥过程需 10 h 左右。

3. 香菇干品的保存方法

烘干的香菇制品吸湿性很强，若保藏不当，会渐渐返潮，引起霉变和生虫，降低品质。所以干香菇要使用聚乙烯薄膜包装，以有效地防潮，并在其中放入无水氯化钙或硅胶，延长保藏期。若应用真空包装和充氮包装，使含氧量低于 2%，可以更好地保持干制品的质量，延长保藏时间。

(二)香菇盐渍方法

香菇除主要干制外，还可以像双孢菇、滑子菇等一样进行盐渍(图 12-4)。

图 12-4　盐渍香菇成品

1. 生产工艺

香菇的盐渍工艺如下：选料→洗涤→分级→杀青→冷却→盐渍→装桶贮运。

2. 加工过程

(1)选料　用于盐渍的香菇应选用六七分成熟、新鲜、茶褐色、无机械损伤、无病态的完整香菇，使用不锈钢刀逐朵剪掉菇柄；剔除病、虫害及霉烂个体。

(2)洗涤　先用0.6%的盐水洗去菇体表面泥屑等杂质，接着用25 g柠檬酸溶液(pH 4.5)漂洗，能显著改变菇色。

(3)分级　根据收购单位所定标准，依杀青后的菌盖直接进行分级。选取大小适合的香菇个体，使每朵香菇子实体的规格基本一致。

(4)杀青　杀青是指在稀盐水中煮沸以杀死菇体细胞的过程。目的是进一步抑制细胞内酶活性，防止子实体开伞，排出菇体内的水分,使气孔放大,以便盐水很快进入菇体。

杀青要在漂洗后及时进行,使用不锈钢锅或铝锅(菇体内含有硫氨基酸,煮制时易与铁结合形成黑色硫化铁,故忌用铁锅,以免固体着色,影响品质),在锅内加入10%的盐水,水与菇的比例为10∶4。旺火烧开后,将菇全部浸入沸水中,随时漂去泡沫。煮沸时间依菇大小而定,7～10 min,以剖开菇没有白心,内外均呈淡黄色为度。

加工数量大时,如不能及时杀青,可泡入0.6%盐水中作短时保存。

(5)冷却　煮好的菇体取出立即放入流动清水中冷却20～30 min,当菇体温度降至室温时捞出备用。

(6)盐渍

①制备饱和盐水　食盐用开水溶化,直到盐不能溶解时为止,用波美比重计称其浓度为23波美度左右。加入少量明矾静置,冷却后用8层脱脂纱布过滤,取其滤液,即为饱和盐水。

②盐渍　容器清洗干净后用0.5%的高锰酸钾溶液消毒后再用开水冲洗。将杀青、分级、沥去多余水分的香菇按每100 kg加25～30 kg食盐的比例逐层盐渍。具体操作是:先在缸底放一层盐,放入一层菇(铺8～9 cm厚),再放一层盐,以此往复,一层盐一层菇,直至满缸。最后在缸内注入煮沸后的饱和盐水。在缸内菇体上加盖,并压上鹅卵石,使菇浸没在盐水内。缸口要用纱布和缸盖盖好。3 d倒缸一次,以后5～

7 d倒缸一次。盐渍过程中要经常用波美比重计测定缸内盐水浓度,使其保持在23波美度左右(即始终为饱和盐水)。

(7)装桶贮运

①制备调酸剂　将柠檬酸50%、偏磷酸钠42%和明矾8%混匀,加入饱和盐水中,用柠檬酸调pH为3～3.5。

②装桶　盐渍20 d以上的香菇便可装桶。装桶前先将盐渍好的香菇捞出,沥去多余盐水。出口菇需用外贸部门给的专用塑料桶包装,定量装菇。然后加入新配制的调酸剂至菇面,用精盐封口,排除塑料桶内空气,盖紧内外盖。装入统一的加衬纸箱,纸箱上下口用胶条封住,存放时桶口朝上。

(三)香菇蜜饯的加工方法

香菇蜜饯主要是以香菇的菌柄为原料制成的,可以充分利用物料,减少浪费。优质的香菇蜜饯口感软润,酸甜可口,呈浅褐色。若使用整菇,可选用菇蕾或未开伞的菇丁,口感更佳。

1.生产工艺

香菇蜜饯的加工工艺如下:选料浸泡→压干整形→加糖蒸煮→烘干→包装贮运。

2.加工过程

(1)选料浸泡　选择无褐变、无霉变的香菇柄,在清水中浸泡6～8 h(鲜菇柄适当缩短时间),剪去带有培养料的一头,漂洗干净,沥干。

(2)压干整形　在压干机上压制,使含水量达65%左右。将菇柄切成长2 cm,厚0.5～1 cm的条,以便于蒸煮。

(3)加糖蒸煮　将菇柄条放入50%的糖液里,在锅中蒸煮,不断搅拌,防止糊化。糖液和菇柄条的比例为1∶1,每隔10 min加3%的糖,直至糖液浓度达到68%即可。前期温度低,后期文火蒸煮。

(4)烘干　蒸煮结束后,捞起菇柄条,沥干糖液,放入烘箱中在60～70℃下烘烤1.5～2 h。基本要求是菇柄条表面干燥,无糖液捏出,食用时无纤维感。

(5)包装贮运　烘干后应及时包装,密封。

附　　录

附录 1　食用菌菌种生产技术规程(NY/T 528—2010)

1　范围

本标准规定了食用菌菌种生产的场地、厂房设置和布局、设备设施、使用品种、生产工艺流程、技术要求、标签、标志、包装、运输和贮存等。

本标准适用于不需要伴生菌的各种各级食用菌菌种生产。

2　规范性引用文件

下列文件对于本文件的应用是必不可少的。凡是注日期的引用文件，仅注日期的版本适用于本文件。凡是不注日期的引用文件，其最新版本(包括所有的修改单)适用于本文件。

GB 191 包装储运图示标志(GB 191—2008，ISO 780：1997，MOD)

GB 9688 食品包装用聚丙烯成型品卫生标准

GB/T 1742—2009 食用菌菌种通用技术要求

3　术语和定义

GB/T 12728—2006 界定的术语，以及下列术语和定义适用于本文件。为了便于使用，以下重复列出了 GB/T 12728—2006 中的一些术语和定义。

3.1　食用菌 edible mushroom

可食用的大型真菌，包括食用、食药兼用和药用三大类用途的种类。

注：改写 GB/ T 12728—2006，定义 2.1.4。

3.2　品种 variety

经各种方法选育出来的具特异性、一致（均一）性和稳定性可用于商业栽培的食用菌纯培养物。

（GB/T 12728—2006，2.5.1）

3.3　菌种 spawn

生长在适宜基质上具结实性的菌丝培养物，包括母种、原种和栽培种。

（GB/T 12728—2006，2.5.6）

3.4　母种 stock culture

经各种方法选育得到的具有结实性的菌丝体纯培养物及其继代培养物。也称一级种、试管种。

（GB/T 12728—2006，2.5.7）

3.5　原种 mother spawn

由母种移植、扩大培养而成的菌丝体纯培养物。也称二级种。

(GB/T 12728—2006,2.5.8)

3.6　栽培种 planting spawn

由原种移植、扩大培养而成的菌丝体纯培养物。栽培种只能用于栽培,不可再次扩大繁殖菌种。也称三级种。

(GB/T 12728—2006,2.5.9)

3.7　种木 wood-pieces

采用一定形状和大小的木质颗粒或树枝培养的纯培养物,也称种粒或种枝。

注:改写 GB/>T 12728—2006,定义 2.5.24。

3.8　固体培养基 solid medium

以富含木质纤维素或淀粉类天然物质为主要原料,添加适量的有机氮源和无机盐类,具一定水分含量的培养基。常用的主要原料有:木屑、棉籽壳、秸秆、麦粒、谷粒、玉米粒等,常用的有机氮源有麦麸、米糠等,常用的无机盐类有硫酸钙、硫酸镁、磷酸二氢钾等。固体培养基包括以阔叶树木屑为主要原料的木屑培养基、以草本植物为主要原料的草料培养基、以禾谷类种子为主要原料的谷粒培养基、以粪草为主要原料的粪草发酵料培养基、以种粒或种枝为主要原料的种木培养基、以棉籽壳为主要原料的棉籽壳培养基等。

3.9　种性 characters of variety

食用菌的品种特性，是鉴别食用菌菌种或品种优劣的重要标准之一。一般包括对温度、湿度、酸碱度、光线和氧气的要求，抗逆性、丰产性、出菇迟早、出菇潮数、栽培周期、商品质量及栽培习性等农艺性状。

注：改写 GB/T 12728—2006，定义 2.5.4。

3.10　批次 spawn batch

同一来源、同一品种、同一培养基配方、同一天接种、同一培养条件和质量基本一致的符合规定数量的菌种。每批次数量母种≥50 支、原种≥200 瓶（袋）、栽培种≥2 000 瓶（袋）。

4　技术要求

4.1　技术人员

应有与菌种生产所需要的技术人员，包括检验人员。

4.2　场地选择

4.2.1　基本要求

地势高燥，通风良好，排水畅通，交通便利。

4.2.2　环境卫生要求

300 m 之内无规模养殖的禽畜舍、垃圾和粪便堆积场，无污水、废气、废渣、烟尘和粉尘污染源，50 m 内无食用菌栽培场、集贸市场。

4.3　厂房设置和布局

4.3.1　设置和建造

4.3.1.1　总则

有各自隔离的摊晒场、原材料库、配料分装室(场)、灭菌室、冷却室、接种室、培养室、贮存室、菌种检验室等。厂房从结构和功能上应满足食用菌菌种生产的基本需要。

4.3.1.2　摊晒场

地面平整、光照充足、空旷宽阔、远离火源。

4.3.1.3　原材料库

防雨防潮,防虫、防鼠、防火、防杂菌污染。

4.3.1.4　配料分装室(场)

水电方便,空间充足。如安排在室外,应有天棚,防雨防晒。

4.3.1.5　灭菌室

水电安装合理,操作安全,通风良好,排气通畅、进出料方便,热源配套。

4.3.1.6　冷却室

洁净、防尘、易散热。

4.3.1.7　接种室

防尘性能良好,内壁和屋顶光滑,易于清洗和消毒,换气方便,空气洁净。

4.3.1.8　培养室和贮存室

内壁和屋顶光滑,便于清洗和消毒;墙壁厚度适当,利于控温、控湿，便于通风；有防虫防鼠措施。

4.3.1.9　菌种检验室

水电方便，利于装备相应的检验仪器和设备。

4.3.2　布局

应按菌种生产工艺流程合理安排布局，无菌区与有菌区有效隔离。

4.4　设备设施

4.4.1　基本设备

应具有磅秤、天平、高压灭菌锅或常压灭菌锅、净化工作台或接种箱、调温设备、除湿设备、培养架、恒温箱或培养室、冰箱或冷库、显微镜等及常规用具。高压灭菌锅应使用经有资质部门生产与检验的安全合格产品。

4.4.2　基本设施

配料、分装、灭菌、冷却、接种、培养等各环节的设施应配套。冷却室、接种室、培养室和贮存室都要有满足其功能的基本配套设施，如控温设施、消毒设施。

4.5　使用品种和种源

4.5.1　品种

从具相应技术资质的供种单位引种，且种性清楚。不应使用来历不明、种性不清、随意冠名的菌种和生产性状未经系统试验验证的组织分离物作种源生产菌种。

4.5.2　种源质量检验

母种生产单位每年在种源进入扩大生产程序之前，应进行菌种质量和种性检验，包括纯度、活力、菌丝长势的一致性、菌丝生长速度、菌落外观等，并做出菇试验，验证种性。种源出菇试验的方法及种源质量要求，应符合 NY/T 1742—2009 中 5.4 的规定。

4.5.3　种植扩大

母种仅用于移植扩大原种，一支母种移植扩大原种不应超过 6 瓶（袋）；原种移植扩大栽培种，一瓶谷粒种不应超过 50 瓶（袋），木屑种、草料种不应超过 35 瓶（袋）。

4.6　生产工艺流程

培养基配制→分装→灭菌→冷却→接种→培养（检查）→成品。

4.7　生产过程中的技术要求

4.7.1　容器

4.7.1.1　使用原则

每批次菌种的容器规格要一致。

4.7.1.2　母种

使用玻璃试管或培养皿。试管的规格 18 mm×180 mm 或 20 mm× 200 mm。棉塞要使用梳棉或化纤棉，不应使用脱脂棉；也可用硅胶塞代替棉塞。

4.7.1.3　原种

使用850 mL以下、耐126℃高温的无色或近无色的、瓶口直径≤4 cm的玻璃瓶或近透明的耐高温塑料瓶，或15 cm×28 cm耐126℃高温符合GB 9688卫生规定的聚丙烯塑料袋。各类容器都应使用棉塞，棉塞应符合4.7.1.2规定；也可用能满足滤菌和透气要求的无棉塑料盖代替棉塞。

4.7.1.4　栽培种

使用符合4.7.1.3规定的容器，也可使用≤17 cm× 35 cm耐126℃高温符合GB 9688卫生规定的聚丙烯塑料袋。各类容器都应使用棉塞或无棉塑料盖，并符合4.7.1.3规定。

使用耐126℃ 高温的具孔径0.2～0.5 m无菌透气膜的聚丙烯塑料袋，长宽厚为630 mm× 360 mm×80 m，无菌透气膜2个，大小35 mm×35 mm，或495 mm×320 mm×60 m，无菌透气膜1个，大小35 mm×35 mm。

4.7.2　培养原料

4.7.2.1　化学试剂类

化学试剂类原料如硫酸镁、磷酸二氢钾等，要使用化学纯或以上级别的试剂。

4.7.2.2　生物制剂和天然材料类

生物制剂如酵母粉和蛋白胨，天然材料如木屑、棉籽壳、麦麸等，要求新鲜、无虫、无螨、无霉、洁净、干燥。

4.7.3　培养基配方

4.7.3.1　母种培养基

一般应使用附录 A 中第 A.1 章规定的马铃薯葡萄糖琼脂培养基（PDA)或第 A.2 章规定的综合马铃薯葡萄糖琼脂培养基(CPDA)，特殊种类需加入其生长所需特殊物质，如酵母粉、蛋白胨、麦芽汁、麦芽糖等，但不应过富。严格掌握 pH。

4.7.3.2　原种和栽培种培养基

根据当地原料资源和所生产品种的要求，使用适宜的培养基配方(见附录 B)，严格掌握含水量和 pH，培养料填装要松紧适度。

4.7.4　灭菌

培养基配制后应在 4 h 内进锅灭菌。母种培养基灭菌 0.11～0.12 MPa，30 min。木屑培养基和草料培养基灭菌 0.12 MPa，1.5 h 或 0.14～0.15 MPa，1 h；谷粒培养基、粪草培养基和种木培养基灭菌 0.14～0.15 MPa，2.5 h。装容量较大时，灭菌时间要适当延长。灭菌完毕后，应自然降压，不应强制降压。常压灭菌时，在 3 h 之内使灭菌室温度达到 100℃，保持 100℃ 10～12 h。母种培养基、原种培养基、谷粒培养基、粪草培养基和种木培养基，应高压灭菌，不应常压灭菌。灭菌时应防止棉塞被冷凝水打湿。

4.7.5　灭菌效果的检查

母种培养基随机抽取 3%～5%的试管，直接置于 28℃恒温培养;原种和栽培种培养基按每次灭菌的数量随机抽取1%作为样品,挑取其中的基质颗粒经无菌操作接种于附录A.1规定的PDA培养基中,于28℃恒温培养;48 h后检查,无微生物长出的为灭菌合格。

4.7.6 冷却

冷却室使用前要进行清洁和除尘处理,然后转入待接种的原种瓶(袋)或栽培种瓶(袋),自然冷却到适宜温度。

4.7.7 接种

4.7.7.1 接种室(箱)的基本处理程序

清洁→搬入接种物和被接种物→接种室(箱)的消毒处理。

4.7.7.2 接种室(箱)的消毒方法

应药物消毒后,再用紫外灯照射。

4.7.7.3 净化工作台的消毒处理方法

应先用75%酒精或新洁尔灭溶液进行表面擦拭消毒,之后预净20 min。

4.7.7.4 接种操作

在无菌室(箱)或净化工作台上严格按无菌操作接种。每一箱(室)接种应为单一品种,避免错种,接种完成后及时贴好标签。

4.7.7.5 接种点

各级菌种都应从容器开口处一点接种,不应打孔多点接种。

4.7.7.6　接种室(箱)后处理

接种室(箱)每次使用后,要及时清理清洁,排除废气,清除废物,台面要用 75%酒精或新洁尔灭溶液擦拭消毒。

4.7.8　培养室处理

在使用培养室的前两天,采用无扬尘方法清洁,并进行药物消毒杀菌和灭虫。

4.7.9　培养

不同种类或不同品种应分区培养。根据培养物的不同生长要求,给予其适宜的培养温度(多在室温 20～24℃),保持空气相对湿度在 75%以下,通风,避光。

4.7.10　培养期的检查

各级菌种培养期间应定期检查,及时拣出不合格菌种。

4.7.11　入库

完成培养的菌种要及时登记入库。

4.7.12　记录

生产各环节应详细记录。

4.7.13　留样

各级菌种都应留样备查,留样的数量应以每个批号 3 支(瓶、袋)。草菇在 13～16℃贮存;除竹荪、毛木耳的母种不适于冰箱贮存外,其他种类有条件时,母种于 4～6℃贮存;原种和栽培种于 1～4℃下,贮存至使用者购买后在正常生产条件下该批菌种出第一潮菇(耳)。

5 标签、标志、包装、运输和贮存

5.1 标签、标志

出售的菌种应贴标签。注明菌种种类、品种、级别、接种日期、生产单位、地址电话等。外包装上应有防晒、防潮、防倒立、防高温、防雨、防重压等标志，标志应符合 GB 191 的规定。

5.2 包装

母种的外包装用木盒或有足够强度的纸盒，原种和栽培种的外包装用木箱或有足够强度的纸箱，盒（箱）内除菌种外的空隙用轻质材料填满塞牢。盒（箱）内附使用说明书。

5.3 运输

各级菌种运输时不得与有毒有害物品混装混运。运输中应有防晒、防潮、防雨、防冻、防震及防止杂菌污染的设施与措施。

5.4 贮存

应在干燥、低温、无阳光直射、无污染的场所贮存。草菇在 13～16℃贮存；除竹荪、毛木耳母种不适于冰箱贮存外，其他种类有条件时，母种于 4～6℃、原种和栽培种于 1～4℃的冰箱或冷库内贮存。

附 录 A

(规范性附录)

母种常用培养基及其配方

A.1 PDA 培养基(马铃薯葡萄糖琼脂培养基)

马铃薯 200 g(用浸出汁),葡萄糖 20 g,琼脂 20 g,水 1 000 mL,pH 自然。

A.2 CPDA 培养基(综合马铃薯葡萄糖琼脂培养基)

马铃薯 200 g(用浸出汁),葡萄糖 20 g,磷酸二氢钾 2 g,硫酸镁 0.5 g,琼脂 20 g,水 1 000 mL,pH 自然。

附 录 B

(规范性附录)

原种和栽培种常用培养基配方及其适用种类

B.1 以木屑为主料的培养基配方

见 B.1.1、B.1.2、B.1.3,适用于香菇、黑木耳、毛木耳、平菇、金针菇、滑菇、鸡腿菇、真姬菇等多数木腐菌类。

B.1.1 阔叶树木屑 78%,麸皮 20%,糖 1%,石膏 1%,含水量 58%±2%。

B.1.2 阔叶树木屑 63%,棉籽壳 15%,麸皮 20%,糖 1%,石膏 1%,含水量 58%±2%。

B.1.3 阔叶树木屑 63%,玉米芯粉 15%,麸皮 20%,糖

1%，石膏1%，含水量58%±2%。

B.2 以棉籽壳为主料的培养基配方

见B.2.1、B.2.2、B.2.3、B.2.4，适用于黑木耳、毛木耳、金针菇、滑菇、真姬菇、杨树菇、鸡腿菇、侧耳属等多数木腐菌类。

B.2.1 棉籽壳99%，石膏1%，含水量60%±2%。

B.2.2 棉籽壳84%～89%，麦麸10%～15%，石膏1%，含水量60%±2%。

B.2.3 棉籽壳54%～69%，玉米芯20%～30%，麦麸10%～15%，石膏1%，含水量60%±2%。

B.2.4 棉籽壳54%～69%，阔叶树木屑20%～30%，麦麸10%～15%，石膏1%，含水量60%±2%。

B.3 以棉籽壳或稻草为主料的培养基配方

见B.3.1、B.3.2、B.3.3，适用于草菇。

B.3.1 棉籽壳99%，石灰1%，含水量68%±2%。

B.3.2 棉籽壳84%～89%，麦麸10%～15%，石灰1%，含水量68%±2%。

B.3.3 棉籽壳44%，碎稻草40%，麦麸15%，石灰1%，含水量68%±2%。

B.4 发酵料培养基配方

见B.4.1、B.4.2，适用于双孢蘑菇、双环蘑菇、巴氏蘑菇等蘑菇属的种类。

B.4.1 发酵麦秸或稻草（干）77%，发酵牛粪粉（干）

20%，石膏粉 1%，碳酸钙 2%，含水量 62%±1%，pH 7.5。

B.4.2　发酵棉籽壳(干)97%，石膏粉 1%，碳酸钙 2%，含水量 55%±1%，pH 7.5。

B.5　谷粒培养基

小麦、谷子、玉米或高粱 97%～98%，石膏 2%～3%，含水量 50%±1%，适用于双孢蘑菇、双环蘑菇、巴氏蘑菇等蘑菇属的种类，也可用于侧耳属各种和金针菇的原种。

B.6　以种木(枝)为主料的培养基

阔叶树种木 70%～75%，附录 B.1.1 配方的培养基 25%～30%。适用于多数木腐菌类。

附录 2　无公害食用菌香菇生产技术规程(DB11/T 253—2004)

1　范围

本标准规定了无公害食用菌香菇的生产技术要求。

本标准适用于北京市无公害食用菌香菇的生产。

2　规范性引用文件

下列文件中的条款通过本标准的引用而成为本标准的条款。凡是注日期的引用文件，其随后所有的修改单(不包括勘误的内容)或修订版均不适用于本标准，然而，鼓励根据本标准达成协议的各方研究是否可使用这些文件的最新版本。凡是不注日期的引用文件，其最新版本适用于本标准。

GB 4285 农药安全使用标准

GB 5749 生活饮用水标准

GB/T 8321 农药合理使用准则

NY 5010 无公害食品 蔬菜产地环境条件

NY 5099 无公害食品 食用菌栽培基质安全技术要求

3 产地环境

3.1 生产场地

生产场地应符合 NY 5010 的规定，并应清洁卫生、地势平坦、排灌方便，有饮用水源。栽培场地周边 5 km 以内无化学污染源；100 m 内无集市、水泥厂、石灰厂、木材加工厂等扬尘源；50 m 之内无禽畜舍、垃圾场和死水池塘等危害食用菌的病虫源滋生地；距公路主干线 200 m 以上。

3.2 栽培场所(菇房(棚))

各类温室、拱棚等和园艺设施均可用作菇房(棚)；夏季要搭建荫棚。应配备调节温度和光线的草帘、草苫、遮阳网等，通风处和房门安装窗纱防虫。要求通风良好、可密闭。

4 栽培技术

4.1 场所前处理

4.1.1 清洁整理

菇房(棚)使用前应清洁整理，清除杂物、杂草等，温室和拱棚要平整土地,以利排灌。

4.1.2　灭虫和消毒

4.1.2.1　清洁整理后进行灭虫和消毒。

4.1.2.2　灭虫可使用的农药和使用浓度:

a)90%敌百虫晶体800倍液喷雾;

b)2.5%溴氰菊酯乳油1 500～2 500倍液喷雾;

c)20%氰戊菊酯乳油2 000～4 000倍液喷雾。

4.1.2.3　施药后密闭48～72 h。

4.1.2.4　新菇房使用前1～3 d地面撒一薄层石灰粉进行场所消毒;老菇房用硫磺熏蒸或使用气雾消毒盒进行消毒。

4.1.2.5　需要灌水增湿的场所要先灌水,后行灭虫和消毒处理。

4.2　培养料制备

4.2.1　培养料

主料和辅料要求新鲜、无霉、无虫,符合NY 5099规定,水符合GB 5749规定。培养料如下:

a)主料:阔叶树木屑、玉米芯粉;

b)辅料:麦麸、米糠、玉米粉;

c)添加剂:石膏。

4.2.2　配方及其用水

常用配方为:

a)阔叶木屑76%,麦麸或米糠20%,玉米粉3%,石膏1%;

b)阔叶木屑 74%,麦麸或米糠 25%,石膏 1%;

c)阔叶木屑 46%,玉米芯颗粒 25%,麦麸或米糠 25%,玉米粉 3%,石膏 1%;

d)阔叶木屑 79%,麦麸或米糠 20%,石膏 1%;

e)含水量 55%～58%,感官以手攥时,指缝微有水印为度。

4.2.3　制备

4.2.3.1　木屑事先过筛,去除过大和可扎破塑料袋的尖锐颗粒。

4.2.3.2　按配方将培养料混合,加水搅拌均匀后,分装于折径 15 cm、长 55 cm、厚 0.04～0.05 mm 的低压聚乙烯塑料袋中,装袋要松紧适度,以用手抓起时无凹陷为度。

4.2.3.3　培养料加水混合均匀至装袋完毕应在 6 h 之内完成,并装筐随即上锅进行常压蒸气灭菌。入锅后,要在 3 h 内达到底部袋间温度 100℃,1 000 袋以内 100℃灭菌 8～10 h;1 000～2 000 袋 100℃灭菌 12～16 h。

4.3　冷却

灭菌完毕后,要整筐出锅,在洁净无尘的场所冷却,冷却场所地面和空间要事先喷洒清水净化空气或喷洒 1%～2%来苏儿液消毒。

4.4　接种

选用菌龄 30～45 d 的菌种,先将瓶(袋)外壁和瓶口用消毒剂(75%酒精、0.1%高锰酸钾、5%～10%来苏儿任选一种)擦拭掉尘土并消毒,按无菌操作要求接种。

4.5　发菌期管理

4.5.1　菌袋码放

菌袋要呈井字形5～7层码放,并留有翻堆或疏散时所需的空间。码放时要将接种孔露于空气中,严防叠压。

4.5.2　环境条件控制

4.5.2.1　温度:保持菇房内温度18～26℃,控制袋内料温低于31℃。料温超过31℃时,应采取疏散、通风等降温措施。

4.5.2.2　空气相对湿度:60%～80%。

4.5.2.3　光照强度:除检查和翻堆操作外,保持黑暗或暗光。

4.5.2.4　通风:每天对流通风30 min以上,通风时间根据季节、温度和码放量灵活掌握。

4.5.3　管理

4.5.3.1　每天观测温度和空气湿度,观测料温,采取相应措施尽可能调整环境条件至香菇发菌适宜状态。

4.5.3.2　冷凉季节接种10～14 d进行第一次翻堆,翻堆要求上下对调。高温季节接种后7 d进行第一次翻堆。以后要定期翻堆,高温季节6～7 d翻堆一次,低温季节14 d翻堆一次。

4.5.3.3　定期刺孔补氧。当菌丝圈长至直径6 cm左右时,结合翻堆在接种孔四周刺孔;一般孔深 1～1.5 cm;当菌丝布满全袋后,每袋纵向刺孔 4 排,每排 10～20 孔。

4.6 转色及催蕾

4.6.1 时机和标志

4.6.1.1 当完成发菌,并完成生理后熟(多数品种从接种时间计需要 60～70 d),同时气候条件适宜,进行转色和催蕾技术处理。

4.6.1.2 生理成熟的标志是菌体表面出现皱褶和瘤状凸起物。

4.6.2 处理方法

用刀片剖开菌袋,立即将菌棒排入菇床,用塑料薄膜覆盖严实,脱袋后最初 4 d 控制菇床温度在 20～24℃,空气相对湿度 85%～90%,气温高时早晚灌水、卷帘、掀膜降温。5 d 以后控制菇床温度 16～22℃,空气相对湿度 85%～90%,每天揭膜通风 2 次,每次 20～30 min。菌袋全部完成转色后,夜间卷帘并给予小量通风,加快降温,加大昼夜温差(10℃左右),直至有子实体原基形成。

4.7 出菇管理

4.7.1 温度

根据季节自然气候和栽培品种的不同,通过草帘(苫)、遮阳网、塑料薄膜的使用和灌水喷水的实施,调节菇房温度。夏季白天菇房温度控制在 25℃以下,其他季节白天应控制温度在 12～20℃。

4.7.2　湿度

料含水量应保持在 55%～70%，空气相对湿度控制在 80%～95%。第一、二潮菇期间以喷水方式为主保湿，出菇一、二潮后，浸水和注水与喷水保湿相结合。

4.7.3　通风

加强通风换气，控制二氧化碳浓度在 0.1%以下。

4.7.4　光照强度

光照强度 200～600 lx。

4.7.5　采收和修整

应在菌膜初裂、菌盖边缘下卷呈扁半球形时采收。采收前 12 h 停水管理。采收时戴手套。要整菇采下，防止培养料带出。

采收后，要在菇场及时修整，去除杂质、分级和包装。

4.7.6　清洁整理

采菇后要及时清理菇根、死菇等残留物。

4.7.7　养菌

4.7.7.1　停水养菌

采菇后要停水养菌 7 d 左右。调节菇房温度高于出菇期，空气相对湿度低于出菇期，减少光照和通风。

4.7.7.2　补水

一、二潮菇后要及时补水，补水方法可采用浸水或注水，补至原料重的 80%～90%。

4.8 场所后处理

出菇结束后，及时清除废弃培养料并运离产地，废弃培养料就近临时堆放时要在日光下暴晒，并喷洒菊酯类杀虫剂灭虫；菇房清洁后进行灭虫处理，方法按 4.1.2 执行，之后通风干燥，各类园艺设施要掀膜通风晒地直至下次使用。

5 病虫害防治

5.1 原则

应贯彻预防为主综合防治的植保方针，优先使用农业防治和物理防治措施。出菇期尽可能不使用化学农药。在必须使用时，做到：

a）安全用药，合理用药，使用低毒低残留的农药，用药符合 GB 4285 和 GB/T 8321 的相关规定；

b）对环境进行药物处理，药物不直接接触菌丝体和菇体；

c）将菇体全部采收后施药；

d）施药后残留期后再行催蕾出菇；

e）秋季和春末，菇房（棚）外围定期灭虫，减少虫源。

5.2 综合防治措施

a）使用抗性强的优良品种；

b）应用低湿、低温、通风、低氮、清洁、石灰处理等综合防治霉菌污染；

c）杀虫灯或毒饵诱杀害虫；

d）菇房使用前和使用后认真消毒和灭虫，栽培场地和周围环境定期消毒灭虫，污染袋实施封闭式清除并进行灭活处理或运至远离菇房。

e)管理好通风门窗，防止外来虫源进入。

5.3　药剂防治

a)防治菌蝇和菌蚊可用的农药和使用浓度：

1)1.8%阿维菌素 1 800～2 500 倍液；

2)2.5%溴氰菊酯乳油 1 000～2 000 倍液；

3)20%氰戊菊酯乳油 2 000～3 000 倍液喷洒。

b)施药时机：采菇后。

c)施药后处理：化学药剂施用后要密闭、暗光培养，创造利于菌丝生长不利于子实体形成的环境条件，一周后，再行催蕾技术管理。

附录 3　食用菌常用消毒剂

一、表面活性剂

可用于表面消毒、环境清洁等。

1. 70%～75%乙醇：用 70～75 份 95%乙醇加水 25～20 份，轻轻拌匀即成。可用于涂抹或喷雾。

2. 5%石炭酸液：5 mL 石炭酸兑水 95 mL 即成。可用于喷雾或涂抹。

3. 2%来苏儿：取 50%来苏儿液 40 mL 兑水 960 mL 即

成。用法同石炭酸。

4．0.25%新洁尔灭：取5%新洁尔灭液50 mL兑水950 mL即成。用法同石炭酸。

二、重金属离子

1．0.1%氯化汞。

2．0.1%～0.5%硝酸银。可用于组织分离时菇体表面消毒。

三、氧化剂

多用于环境消毒，或器具清洗。

1．0.1%高锰酸钾：用1 g高锰酸钾溶于999 mL水中即成。用于清洗、浸泡器具。

2．0.5%～1.2%漂白粉、1%过氧化氢等。

四、还原剂

用于环境消毒、防腐。

1．2%甲醛液：用38%福尔马林液2份加水36份即成。可用于浸洗或喷洒。

2．按每立方米体积用40%福尔马林液10 mL放入耐燃烧器具内，再加入5 g高锰酸钾，熏蒸，可作环境消毒。

五、其他的消毒剂

1．按每立方米体积用15 g硫黄熏蒸，做环境消毒。

2．用2%石灰水泼洒进行环境消毒。

3．用70 g碘粉、50 g碘化钾、用95%酒精加至1 000 mL

配制成的碘液有表面消毒作用，且安全。

附录 4　国内已登记可在食用菌上使用的农药产品

序号	产品登记证号	产品名称	商品名称	登记作物	防治对象
1	PD386-2003	50％咪鲜胺锰盐可湿性粉剂	施保功	蘑菇	褐腐病、白腐病
2	PD20070316	500 g/L 噻菌灵悬浮剂	特克多	蘑菇	褐腐病
3	PD20050096	40％噻菌灵可湿性粉剂	霉得克	蘑菇	褐腐病
4	PD386-2003F050041	50％咪鲜胺可湿性粉剂	施保功	蘑菇	褐腐病、白腐病
5	LS20031183	4.3％高氟氯氰·甲阿维乳油	菇净	食用菌	菌蛆、螨
6	LS20051329	30％百·福可湿性粉剂	菇丰	食用菌	疣孢霉菌、木霉菌
7	PD20070007	50 g/L 氟虫腈悬浮剂	锐劲特	食用菌	菌蛆
8	LS20071551	66％二氯异氰尿酸钠烟剂	—	菇房	霉菌
9	LS20061230	5％多菌灵可湿性粉剂	凯森	蘑菇	褐腐病

附录 5　食用菌栽培基质安全技术要求(NY 5099—2002)

1　范围

本标准规定了无公害食品食用菌培养基质用水、主料、辅料和覆土用土壤的安全技术要求，以及化学添加剂、杀菌剂、杀虫剂使用的种类和方法。

本标准适用于各种栽培食用菌的栽培基质。

2 规范性引用文件

下列文件中的条款通过本标准的引用而成为本标准的条款。凡是注日期的引用文件，其随后所有的修改单（不包括勘误的内容）或修订版均不适用于本标准，然而，鼓励根据本标准达成协议的各方研究是否可使用这些文件的最新版本。凡是不注日期的引用文件，其最新版本适用于本标准。

GB 5749 生活饮用水卫生标准

GB 15618 土壤环境质量标准

3 术语和定义

下列术语和定义适用于本标准。

3.1 主料

组成栽培基质的主要原料，是培养基中占数量比重大的碳素营养物质。如木屑、棉籽壳、作物秸秆等。

3.2 辅料

栽培基质组成中配量较少、含氮量较高、用来调节培养基质的 C/N 比的物质。如糠、麸、饼肥、禽畜粪、大豆粉、玉米粉等。

3.3 杀菌剂

用来杀灭有害微生物或抑制其生长的药剂，包括消毒剂。

3.4　生料

未经发酵或灭菌的培养基质。

4　要求

4.1　水

应符合 GB 5749 规定。

4.2　主料

除桉、樟、槐、苦楝等含有害物质树种外的阔叶树木屑；自然堆积 6 个月以上的针叶树种的木屑；稻草、麦秸、玉米芯、玉米秸、高粱秸、棉籽壳、废棉、棉秸、豆秸、花生秸、花生壳、甘蔗渣等农作物秸秆皮壳；糠醛渣、酒糟、醋糟。要求新鲜、洁净、干燥、无虫、无霉、无异味。

4.3　辅料

麦麸、米糠、饼肥（粕）、玉米粉、大豆粉、禽畜粪等。要求新鲜、洁净、干燥、无虫、无霉、无异味。

4.4　覆土材料

4.4.1　泥炭土、草炭土。

4.4.2　壤土

符合 GB 15618 中 4 对二级标准值的规定。

4.5　化学添加剂

参见附录 A。

4.6 栽培基质处理

食用菌的栽培基质，经灭菌处理的，灭菌后的基质需达到无菌状态；不允许加入农药。

4.7 其他要求

参见附录 B。

附 录 A
（资料性附录）
食用菌栽培基质常用化学添加剂种类、功效、用量和使用方法

食用菌栽培基质常用化学添加剂种类、功效、用量和使用方法见表 A.1。

表 A.1 食用菌栽培基质常用化学添加剂种类、功效、用量和使用方法

添加剂种类	使用方法与用量
尿素	补充氮源营养，0.1%～0.2%，均匀拌入栽培基质中
硫酸铵	补充氮源营养，0.1%～0.2%，均匀拌入栽培基质中
碳酸氢铵	补充氮源营养，0.2%～0.5%，均匀拌入栽培基质中
氰氨化钙（石灰氮）	补充氮源和钙素，0.2%～0.5%，均匀拌入栽培基质中
磷酸二氢钾	补充磷和钾，0.05%～0.2%，均匀拌入栽培基质中
磷酸氢二钾	补充磷和钾，用量为 0.05%～0.2%，均匀拌入栽培基质中
石灰	补充钙素，并有抑菌作用，1%～5%，均匀拌入栽培基质中
石膏	补充钙和硫，1%～2%，均匀拌入栽培基质中
碳酸钙	补充钙，0.5%～1%，均匀拌入栽培基质中

附录B

(资料性附录)

不允许使用的化学药剂

B.1　高毒农药

按照《中华人民共和国农药管理条例》,剧毒和高毒农药不得在蔬菜生产中使用,食用菌作为蔬菜的一类也应完全参照执行,不得在培养基质中加入。高毒农药有三九一一、苏化203、一六〇五、甲基一六〇五、一〇五九、杀螟威、久效磷、磷胺、甲胺磷、异丙磷、三硫磷、氧化乐果、磷化锌、磷化铝、氰化物、呋喃丹、氟乙酰胺、砒霜、杀虫脒、西力生、赛力散、溃疡净、氯化苦、五氯酚钠、二氯溴丙烷、四〇一等。

B.2　混合型基质添加剂

含有植物生长调节剂或成分不清的混合型基质添加剂。

B.3　植物生长调节剂

参考文献

[1] 暴增海,杨辉德,王莉. 食用菌栽培学. 北京:中国农业科学技术出版社,2010.

[2] 常明昌. 食用菌栽培学. 北京:中国农业出版社,2003.

[3] 陈士瑜. 食用菌生产大全. 北京:农业出版社,1988.

[4] 崔颂英. 食用菌生产与加工. 北京:中国农业出版社,2007.

[5] 兰良程. 中国食用菌产业现状与发展. 中国农学通报,2009,25(05):205-208.

[6] 李玉. 中国食用菌产业的发展态势. 食药用菌,2011,19(1):1-5.

[7] 黄年来,林志彬,陈国良,等. 中国食药用菌学. 上海:上海科学技术文献出版社,2010.

[8] 黄毅. 食用菌栽培. 北京:高等教育出版社,1988.

[9] 任清,李守勉. 食用菌栽培与加工. 北京:中国农业科学技术出版社,2014.

[10] 谭琦,宋春艳. 香菇栽培实用技术. 北京:中国农业出版社,2011.

[11] 王贺祥. 食用菌栽培学. 北京:中国农业大学出版社,2008.

[12] 王择生.国内外食用菌产业现状与发展趋势.中国菌物产业与科技研讨会暨展览会论文集,2005.

[13] 张寿橙.中国香菇栽培史.杭州:西泠印社出版社,2013.

[14] 张金霞.中国食用菌产业现状与发展趋势.食用菌学报,2010(4):15-18.

[15] 王相刚.蕈菌学.北京:中国林业出版社,2010.